科研基本方法

主 编 李孟楼

西北农林科技大学出版社

图书在版编目(CIP)数据

科研基本方法/李孟楼等主编.—陕西杨凌:西北农林科技大学出版社,2010.4

ISBN 987-7-81092-591-4

Ⅰ.①科… Ⅱ.①李… Ⅲ.①科研基本方法—高等学校—教材 Ⅳ.①G312

中国版本图书馆 CIP 数据核字(2010)第 059958 号

科研基本方法

李孟楼　主编

出版发行	西北农林科技大学出版社
地　　址	陕西杨凌杨武路3号　　邮　编:712100
电　　话	总编室:029-87093105　发行部:87093302
电子邮编	press0809@163.com
印　　刷	陕西龙源印务有限公司
版　　次	2011年8月第1版
印　　次	2011年8月第1次
开　　本	787 mm×960 mm　1/16
印　　张	13.25
字　　数	235 千字

ISBN 987-7-81092-591-4

定价:20.00 元

本书如有印刷质量问题,请与本社联系

《科研基本方法》编写人员

主　　编　李孟楼
副 主 编　刘小林　　欧阳韶辉　　南小宁
编　　者　(以姓氏笔画为序)
　　　　　尹丽娟　　中国农业大学
　　　　　卢博友　　西北农林科技大学
　　　　　刘小林　　西北农林科技大学
　　　　　李孟楼　　西北农林科技大学
　　　　　李维平　　西北农林科技大学
　　　　　欧阳韶辉　西北农林科技大学
　　　　　南小宁　　西北农林科技大学
　　　　　郭凤平　　西北农林科技大学
　　　　　景天忠　　东北林业大学
　　　　　程智慧　　西北农林科技大学

内容简要

本书在序言部分主要介绍了科学与科学研究、科学革命与科学思维方式、科学思想史、科学研究的意义;第一章科学方法论讲述了科学研究方法、科学假设与验证、科学研究与修养;第二章自然科学研究介绍了自然科学研究中的常用方法、科学研究中的仪器与技术、自然科学研究技术;第三章人文社会科学研究描述了人文社会科学的研究范畴与特点、研究方法与技术、选题与研究,并列举了研究实例;第四章科学研究的选题论述了选题的原则与方法、文献查新与检索、研究方案的规划、科研论证报告的撰写;第五章科学研究程序讲述了准备阶段、研究方案实施阶段的特点及科学创新源与研究过程、科研项目管理;第六章科学实验设计与分析介绍了实验性质与目的、试验的设计与规划、实验数据处理与结果分析,并列举了实验设计与分析实例;第七章在科技论文撰写当中介绍了科技论文的类型与特征、撰写要求、写作技巧,并列举了两篇不同类型的科技论文;第八章科研项目的结题与成果申报介绍了科研项目的结题、验收、鉴定及专利申请和科技成果奖励的申报。

本教材按照科学研究的规律对研究的全过程进行论述,总结、吸纳并反映了当前科研基本方法中的最新成果,全书附插图17幅。本教材适合高等农、理、工、文科院校本科生及研究生教学使用,也可供初步接触科学研究的工作者参考和阅读。

前　言

人类社会经过漫长的发展,在与天、与地、与自我斗争的过程中,艰难地积累和丰富了人类的认识观、自然观,最终将其上升为认识自然、社会和人类自身的工具,即科学。科学历经数千年的脱胎换骨,已逐步发展成了门类复杂的学科。现代人要认识和利用自然、要提高自身立足天地之间的本领,没有必要再去重复原始人、古代人所走过的艰难的知识积累道路,只需要学会使用人类已经打磨而成的开启科学知识宝库的钥匙的方法。这把能够满足现代人在很短时间内完成古人数千年积累知识过程的钥匙,就是人类智慧结晶的科学思维、科技哲学、科学技术与方法。

人类在生产和生活过程中逐步认识了自然规律,要解决自然和社会问题就必须遵循其规律,并使用富有哲理性的科学思维与方法,这种能够解决生产与社会问题的办法就是研究。由于生产、经济、社会发展的需要,国家和社会也需要一部分人才使用科学方法和科学技术,专门从事探询那些现在或将来应该知道的未知问题,并寻找解决各类难题的办法,研究也就上升成了学问。这类属于研究的学问经过日积月累,越来越多、越来越复杂,当人类按照其认识自然的方式将这类学问分门别类后,从事这类学问的人群也有了分工,这种特殊的社会事业就上升成了科学研究,科学研究已成为现代人类社会进步与文明化的标志和产物。

科学研究是现代社会结构中不可缺少的部分,科学研究水平是一个国家的发展与实力的综合体现。人类经过数千年的科学研究和探索,在认识和利用自然的过程中经历了茫然、盲从、被动和主动阶段,积累了许多科学思想、理论与方法。一个国家、一个民族要在同等生存条件下提高竞争水平和实力,就要不断总结、吸纳和借鉴人类所积累的科学思想与科学技术。

很少接触科学研究的人可能感觉科学的学问很神秘,进行科学研究是那些学问很深的人做的事情。事实并非如此,人类有意识地认识世界和人类社会的产物就是科学,人在认识世界和人类社会中使用的方法就是科学方法,在解决问题中有意识、有技巧地使用科学方法就是科学思想。自然界和人类社会的事物很多、很复杂,认识不同的事物、解决不同的问题使用的思想和方法差别较大,有些事情只凭借人的直接观察和思考常难以辨别他们的本来面目,就要借助专门的仪器和工具去认识他们,使用仪器和工具认识事物就要有专门的技术,这种技术就叫科学技术。

现代社会已建立了结构较为完善的科学教育与研究体制,但随着社会的不断进步和发展,新的科学和社会问题对科学和技术要求越来越高,社会需要更多的掌握专门知识的人才,个人本领的提高也需要借助于科学方法。鉴于此,为了满足社会和人才培养的要求,本编写组在借鉴其他科学研究方法相关教材的基础上,全方位地总结和吸纳了有关科学研究理论与方法的研究成果,进行了科学思想史、自然科学、人文社会科学、科学研究方法论等知识体系的浓缩与整合,创建了适合农、理、工科高等院校本科与研究生教学使用的《科研基本方法》的结构体系。

读者在阅读本书后,能够体会到只要有生活与实践经历和一定的知识,在每个人的头脑里其实也有被称作科学思想和科学方法的东西,只不过是他们没有认识到那些在解决琐碎事情中使用的办法或技巧也能够称得上是科学。所以,要使人们能够了解科学思想、科学方法和科学技术的使用和运行过程,善于归类和总结工作及生活中解决人和人、人和事等方面的经验和技巧,就能够发现很多别人不知道的规律,解决事情的思路、经验和技术,就能够超越"常人",就可以成为能力很强的人、有作为的人。

本教材由西北农林科技大学李孟楼教授担任主编,刘小林、欧杨韶辉、南小宁担任副主编。由西北农林科技大学李孟楼编写序言,欧阳韶辉编写第一章科学方法论,中国农业大学尹丽娟、东北林业大学景天忠编写第二章自然科学研究,郭凤平编写第三章人文社会科学研究,李维平编写第四章科学研究的选题,刘小林编写第五章科学研究程序,南小宁编写第六章科学实验设计与分析,卢博友编写第七章科技论文撰写,程智慧编写第八章科研项目的结题与成果申报。全书由主编李孟楼教授统稿,书稿完成后各副主编及编委进行了勘误和修改。

本书在编写过程中引用了相关科学研究方法教材中的诸多知识和观点,并参阅和引用了众多专家和学者的资料、文献、研究成果及网络资源中的相关资料,编写组恳请谅解并表示谢意。鉴于本教材编者的水平所限,在内容上难免存在疏漏和错误,敬请同行和读者指正。

编　者
2010 年 5 月

目 录

第一章 绪 论 …………………………………………………（1）

第二章 科学方法论 ……………………………………………（18）
    第一节 科学研究方法 …………………………………（18）
    第二节 假设与验证 ……………………………………（24）
    第三节 科学研究与修养 ………………………………（27）

第三章 自然科学研究 …………………………………………（32）
    第一节 自然科学研究中的常用方法 …………………（32）
    第二节 科学研究中的仪器与技术 ……………………（40）
    第三节 自然科学研究技术 ……………………………（45）

第四章 人文社会科学研究 ……………………………………（64）
    第一节 研究范畴与特点 ………………………………（64）
    第二节 研究方法与技术 ………………………………（74）
    第三节 选题与研究 ……………………………………（80）

第五章 科学研究的选题 ………………………………………（88）
    第一节 选题的原则与方法 ……………………………（88）
    第二节 文献查新与检索 ………………………………（97）
    第三节 研究方案的规划 ………………………………（101）
    第四节 科研论证报告的撰写 …………………………（104）

第六章 科学研究程序 …………………………………………（109）
    第一节 准备阶段 ………………………………………（109）
    第二节 研究方案的实施阶段 …………………………（116）

第三节　科学创新源与研究过程 …………………………………… (118)
　　第四节　科研项目的管理 …………………………………………… (123)
第七章　科学实验设计与分析 …………………………………………… (127)
　　第一节　实验性质与目的 …………………………………………… (127)
　　第二节　实验的规划与设计 ………………………………………… (131)
　　第三节　实验数据处理与结果分析 ………………………………… (141)
　　第四节　实验设计与分析实例 ……………………………………… (147)
第八章　科技论文撰写 …………………………………………………… (151)
　　第一节　科技论文的类型与特征 …………………………………… (151)
　　第二节　论文撰写要求 ……………………………………………… (157)
　　第三节　写作技巧 …………………………………………………… (166)
第九章　科研项目的结题与成果申报 …………………………………… (173)
　　第一节　科研项目的结题 …………………………………………… (173)
　　第二节　科研项目的验收 …………………………………………… (175)
　　第三节　科研项目的鉴定 …………………………………………… (179)
　　第四节　专利及其申请 ……………………………………………… (184)
　　第五节　科技成果奖励申报 ………………………………………… (190)
术语索引 …………………………………………………………………… (197)
主要参考书目 ……………………………………………………………… (201)

第一章 绪 论

科学是人类使用特定技术和哲学观认识自然、自我及精神世界的学问，是包括系统技术和系统哲学在内的一个完整系统。科学并不神秘，是具有科学思想和学问的人自立于社会的一种本领。有了科学思想，人就可以掌握辨析事物、认识社会、明辨是非、获得生存技能的本领。但要具有科学思想和科学本领，必须系统、科学地了解科学研究方法、科学的类型和科学研究过程。

一、科学与科学研究

科学可以区分为自然科学和人文社会科学，这两种不同的科学在性质、内容和研究方法上有着显著的区分。自然科学是人对自然现象、规律采取必要的技术、手段进行探索和解释。自然科学是最早具有科学性的科学，自然科学方法已经渗透到了人类生活、生产和社会活动的各个方面，自然科学研究和技术对现代社会、经济的发展有不可估量的重要性。"新科学"即人文社会科学，它将世界划分为自然世界、人类世界和心灵世界（又叫人神世界），主要研究人类生活及人文社会活动方面的各个问题。

现代科学观认为，世界由物质、能量和信息三大基本要素所构成，科学就是研究这三大要素的本质特征及其各层次的运动规律（机械、物理、化学、生物和社会运动），所要认识的对象是一个统一的整体。所以，现代科学就是以物质、能量和信息为中心，以科学和人文相结合为标志，将逻辑实证主义和技术功利主义与思想性、创造性、文化性和精神性相结合为整体性的系统科学。

科学研究是现代社会一项不可缺少的事业，也是现代文明社会一项有组织的社会活动和社会建制。科学显示着人类文明，促进着社会进步，提升着人们的智慧水平和生存质量。现代科学研究包括基础研究、应用研究与开发（或发展）研究，这三类研究在不同研究机构中的地位与比例不同，也在一定程度上反映了研究机构的基本性质。从事科学研究的机构大体上有三类，即独立的科学研究机构、企业科研机构和大学，这三类机构由于其自身目标、组织、任务的不同，各自所从事的科学研究活动和范围也有所区别。

二、科学方法

科学方法是科学研究过程中人的思维、创造、技术的组合，由于技术、研究内容与目标不同，所使用的科学方法也不同。科学实验是为了验证一个理论、假设、问题、猜测、现象而采用的一种科学方法，科学实验不等于科学方法。科学方法是近代科学的产物，古代人类在对自然的初步认识活动中就有其萌芽，古希腊文化则为后来科学方法的孕育和产生提供了数学、逻辑和实验理性等精神准备。现代的科学方法包括实验—数学方法、科学归纳方法、直观—演绎方法等。

在公元前七、八世纪以前，古代学者仅将从生产劳动中分化出来的实验研究作为经验科学的附带，物理学还只是"自然哲学"的组成部分，还处在对现象的描述、经验的简单总结和思辨性猜测阶段。13世纪的罗吉尔·培根认为，证明前人说法的唯一方法只有观察和实验，并把经验、实验、证明当作科学的三个重要途径。1583~1608年，伽利略由实验得出了正确的落体运动等定律，并确立了实验—数学方法，他认为实验应以定量实验观测结果为基础，用数学抽象描述实验客体的基本概念和基本关系（图1-1）。

由R. 培根首创，穆勒等加以完善的科学归纳法，创造了科学研究中的实验、归类、归纳和排除的逻辑思维三段论（图1-1）。19世纪的赫舍尔（图1-2）认为发现包括归纳和假说两条途径，制定了包括求同法、差异法、剩余法和共变法在内的发现事物间因果关系的9条原则，并提出科学发现中的归纳途径是分解复杂现象——→归纳、寻找规律和定律——→创造思维产生理论。与赫舍尔同时代的哲学家、经济学家和逻辑学家密尔（J. S. Mill）将逻辑推理从广义上分为归纳和演绎，将归纳定义为发现和证明，提出了契合法（求同法）、差异法、剩余法、共变法、契合差异并用法的"密尔求因果五法"。

笛卡尔（1596-1650，图1-2）以普遍怀疑为起点、以数学方法为模板，建立了直观—演绎的科学方法论。他认为要建立真正的科学知识体系，必须有直接、真实和直观的出发点，才能运用演绎方法进行推论，数学方法则是直观—演绎法的基础。据此，笛卡尔提出了实现这一过程的四条方法规则，即普遍怀疑和直观方法——→从具体到抽象的分析方法——→由一般到个别的演绎过程——→总结、审查并形成理论（图1-3）。

图1-1　伽利略　　罗吉尔·培根　　　　图1-2　赫舍尔　　笛卡儿

目的：发现逻辑——→说明逻辑
方法：普遍怀疑——→理性直观——→演绎展开——→事实验证
过程：准备——→演绎过程——→结果

图1-3　演绎-归纳过程示意

三、科学革命与科学思维方式

科学革命是指科学领域中的重大突破和进展，科学革命不仅对社会物质生活产生了重大的影响，也改变了人们的精神世界，带来了科学思维方式的变革。科学发展过程是一个渐进与革命交替出现的过程，近代的科学发展曾发生过三次科学革命，产生了许多重要的进展，形成了多次重大突破，每次科学革命都涉及一系列相互关联的具体科学领域的革命性进展。

科学革命、科学领域里的重大进展与科学思维方式的变革有着不可分割的联系，科学革命在很大程度上依赖于科学思维方式的变革；但科学革命的成果则是科学思维方式变革的体现和凝结，常向我们展示出一幅新思维方式下的世界新图景，并进一步推进了科学思维方式的变革。

1. 第一次科学革命与科学思维方式的变革

第一次科学革命开始于16世纪中期哥白尼提出日心说，其标志性成果是由牛顿建立和完成了经典力学的科学理论体系（图1-4）。相对于先前的哲学或宗教的神创论场景而言，它向我们展示了这样一幅新的世界场景，即构成世界的基本要素是离散的"质点"、机械力与引力，由所观察和实验得到的数据可对世界进行定量描述，由力、质量和加速度三项中的两项可定量计算出未知项的场景。

该时代的科学思维方式就是机械

图1-4　哥白尼　　牛顿

力学的思维方式，即在绝对时空背景下可定量化的机械力与有质量的单元相统一的思维方式。许多科学家接受，并将这种思维方式推广到了各自研究的领域，在哲学上也出现了机械论和"科学的（狭义的形而上学）哲学"的思维方式。然而，当这种"科学的哲学"成熟的时候，第二次科学革命已悄然降临。

2. **第二次科学革命与科学思维方式的变革**

第二次科学革命孕育于18世纪后期、延续到19世纪末，第二次科学革命对人类社会又一次产生了深远的影响，加快了社会前进的步伐。第二次科学革命的重要成果是康德—拉普拉斯的星云说、赖尔的地质演化理论、达尔文的进化论、克劳修斯的熵增理论等；其他的如原子—分子学说、细胞学说、遗传因子说、能量守恒和转化定律、元素周期律等（图1-5，6）。

图1-5　康德　　　　赖尔　　　　图1-6　达尔文　　　　克劳修斯

第二次科学革命的核心成果即建立了可以定量描述、相对完整的经典电磁理论体系，该场和波的理论带来的科学思维方式就是波（动）场（连续）式的思维方式，也是以连续整体、能量、质变和多样联系为主要特征的科学思维方式。它从多方面突破了牛顿力学的框架，不仅影响了其他科学的思维方式，还进一步影响了哲学和日常生活。但第二次科学革命并没有在科学上获得概括与综合，形成一个相对完整的、统一的、协调一致的综合体系。

3. **第三次科学革命与科学思维方式的变革**

第三次科学革命发生于20世纪，它带动了各门科学的蓬勃发展、产生了众多的边缘科学、横断科学和综合科学，形成了真正意义上的大科学。这种一方面高度分化、另一方面又高度综合的发展趋势仍在持续。

第三次科学革命首先在物理学领域产生，其主要成果是爱因斯坦的相对论和海森堡的量子论。相对论和量子论向我们揭示出了一种波粒二象、质能互变、时空对易的二元互补式的新的科学思维方式。该时期同时也产生了系统论、信息论、控制论、耗散结构理论、协同学理论、超循环理论、混沌理论等系统科学理论。这一时期的科学思维方式强调系统与环境，要素、功能与层次结构，质变、量变和序变，物质、能量和信息的多样统一，所以可以称为系统科学观（世界由物质、能量和信息三大基本要素构成）或系统思维方式。

因此，了解科学革命和科学思维的变革，就是要明确科学革命和科学思维对社会、经济、人类生活所产生的影响，进行科学研究、引进新的思维具有造就创新和创造的作用。思维方式指导人的活动，有什么样的思维方式就会有什么样的指导思想，有什么样的指导思想就有会有什么样的发展观。对个人讲，就会有什么样的成才方式；对国家讲，就会有什么样的发展道路、发展模式和发展战略。

四、科学思想史

人类科学技术的发展史实质上是认识观的发展，人类对自然的认识、思考和幻想推动了科学发现和发明，科学发现和发明导致人们总结发明的经验，进而产生了科学思想和哲学，即指导科学研究的理论和方法，宏观上讲没有科学思想指导的科学研究只能是盲目和无序的研究。因此，总结和了解人类社会长期积累的科学研究思想，对于指导和设计现代科学研究有很重要的意义。

（一）古代科学思想的产生

古代科学处于科学的萌芽时期。是人类认识发展的幼稚时期。人类科学思想最初来自不仅仅在巫术、莫名的崇拜和图腾，巫术诱使人们幻想、幻想导致探索和求知。但古代人对自然界的认识开始于最简单的外部现象，认识经历了由简单到复杂、从现象到本质的发展过程，因此整个科学技术和思想的发展最先来自自然科学中天文学与力学。如重物直线下落，水往低处流，太阳的东升西落，恒星间的相对位置不变等，对这些自然现象的解释就形成了古代天文与力学的理论体系。

古代科学思想来自最简单的自然现象，所以不是在简单的东西内部揭示出复杂性，而是力求用最简单的原理来说明比较复杂的现象。人的直观经验与常识一致是古代科学要达到的目的之一，所以不可能提出与直观常识不相符合的理论，即使有人提出了也不易流传；当直观材料对想象难以解释时，就用猜测进行弥补，自圆其说。如古人认为上与下、高与低有绝对的界限等，在天地形状的解释上就有天平地平、天曲地平、天平地曲、天曲地曲、天球地平、天球地球等说法，在日地关系上就有日心、地心、太阳围绕地球旋转等各种说法；亚里士多德的"自然界不做多余的事情"就鲜明地体现了这个思想，柏拉图则用"匀速"与"正圆"结合，解释天体运动就是这个原则的范例。

人类在对世界本质的认识上有过单质论、多种单质论、原子论和属性决定物质结构的学说，在单质论中水、土、火、气都分别被当过本原。正因为有了古代许多的猜测和想象，孕育着许多科学思想的种子，保存了不少后世科学理论的萌芽，才为现代许多科学理论和思想的诞生提供了基础。古代科学知识的主要来源是日常生产和生活经验，是常识的积累和解释；而古代的科学本质是农业文明的一部分，是一种典型的农业文化，所以制定历法、授民以时等古代农业生产和地学比较发达。如中国的《九章算术》、《齐民要术》、《梦溪笔谈》、《天工开物》、《本草纲目》等都是来自经验的记述性和总结性文献，贾思勰在《齐民要术》中引用的农谚就有30多条；徐光启向农民请教灭蝗方法、种过甘薯和豆类；李时珍拜农民、药农、果农、樵夫、猎人为师，四处搜集民间单方、验方，并亲自栽培药材等。

中国农业社会时间长、古代农业文化保存得较完整，这同西方近代工业文化和机械论形成了强烈的反差。1937年，李约瑟了解到中国古代科技文化与自然哲学，立即引起了他的强烈兴趣。中国古代哲学与西方的哲学有着互补关系，老子的思想影响了西方人的宇宙观（图1-7）。西方科学向来是强调实体（如原子、分子、基本粒子、生物分子等），而中国的自然哲学观则以"关系"为基础，西方科学与中国自然观中整体性与协和性结合，形成了现代新的自然哲学和自然观。协同学创始人哈肯认为，协同学含有中国哲学的基本思

图1-7 老子像

维，对自然的整体理解是中国哲学的一个核心部分；突变理论创始人托姆认为老子的理论有很大一部分是关于突变理论的启蒙论述。

（二）科学思想的形成与发展

当人类社会进入欧洲的文艺和科学复兴阶段，人类认识自然从无意和顺其自然走向了有目的和有目标的活动，探索自然、解释自然、发明和创造成为了一项社会活动。科学由原始经验积累过渡到了实验科学，科学理论由生产经验总结发展成为了科学原理和本质的探索。

实验科学的创立 16世纪以前亚里士多德的运动观一直占统治地位，亚

里士多德认为物体运动与作用力的大小有关,重的物体下落快、轻的物体下落慢。1590年伽利略由比萨斜塔实验得到了自由落体是匀加速运动,其下落速度和时间与物体的轻重无关。在此基础上他又发现了惯性原理,然后他将实验方法、分析方法和数学方法相结合用于力学研究,并开创了实验科学。

科学思维方法的建立 ①古代亚里士多德在形式逻辑理论的基础上,制定了由大前提、小前提、结论组成的三段论式的逻辑体系;17世纪笛卡尔进一步强调了理性的演绎法之后,人类创立了科学研究中第一个科学思维方法,即演绎逻辑法。②19世纪30年代归纳主义的始祖培根,认为演绎逻辑并不能帮助我们发现新的科学,只能强人同意命题,他认为科学研究要从观察和事实出发,要从阶梯式的总结中归纳出低级、中级和普遍公理,然后形成概念。与培根同时代的近代演绎主义的始祖笛卡尔却坚信只有依靠理性才能得到科学真理,可以通过演绎将事物的基本规律揭示出来。③爱因斯坦认为培根单纯强调阶梯式的归纳法表现了科学幼年期的一种稚气,他认为从特殊到一般的道路有直觉性,而从一般到特殊的道路则有逻辑性,单纯的推演也发现不了重大科学原理,因而在科学研究中建立了直觉法。④20世纪40年代产生的系统方法将研究对象视为系统和一个整体,将这个系统中事物的普遍联系和永恒运动看成一个总体过程,综合地探索系统中各种作用、关系和变化规律,以便有效地认识和改造对象。

科学体系的建立 ①近代科学革命以后,随着人类对自然认识的深入,自然科学从哲学的母体中分离了出来,以经验为基础、以实验为手段的自然科学走上了独立发展的逻辑轨道,分别建立了数学、物理、化学等学科,其研究范围和规模不断扩大。②随着科学的进步,社会承认并建立了专门的科学共同体运行机制,各种大学、学会或学院纷纷成立。如,1158年意大利建立博洛尼亚大学,1198年意大利建立萨莱诺大学,11世纪初法国巴黎大学,1167年英国建立牛津大学,1636年美国创建哈佛大学,1560年意大利在那不勒斯创建自然奥秘学院,1826年德国大化学家李比希创建了吉森化学实验室,1874年英国剑桥大学建立了卡文迪许实验室,1594年天主教耶稣会在澳门创办了圣保禄学院,19世纪60年代的即上海建立圣约翰大学。③科学发展到现代,不同学科之间相互渗透、交叉和融合,当代科学已呈现出整体化趋势,第二次世界大战后几乎同时发展起来的系统论、控制论和信息论以及后来的耗散结构理论、协同论、趋循环理论等就是科学整体化的反映。

(三)自然观的形成和发展

人类对自然世界的认识经历了艰难曲折的过程,每一个认识的历史阶段都有反映其时代科技发展水平的自然观,直到现在才最终形成了现代的自然观,但是随科学技术的进步和发展,这些自然观仍在继续发展和进步。

1. **物质观——从元素论、原子论到夸克模型**

   元素论 约公元前770—前476年,老子的《道德经》将世界的本原归于"道",并认为其兼具物质和精神为一体,这是人类第一次从哲学角度概括和认识世界的本质;公元前624—前547年,泰勒斯认为世界万物的本原是水,万物起于水并复归于水;约公元前570—前497年,毕达格拉斯主张数是世界的本原,万物皆数,由此产生点、线、面、体和水、土、火、气四元素最后形成世界;公元前500—前430年,雅典时期恩培多克勒认为火、气、土、水是世界的本原,公元前约335—320年,亚里士多德主张冷、热、干、湿四种性质才是自然最基本原性。

   原子论的诞生 约公元前450年,与恩培多克勒同时期的阿纳克萨格拉认为万物均可无限分割,提出了无限小的概念;约公元前432—前420年德谟克里特和留基波集前人思想之大成,提出了对后来科学思想的发展有着极大启发和影响的著名的原子论;1803年英国化学家道尔顿(J. Dalton)提出了他的原子论思想,1808年他在《化学哲学新体系》中系统阐述了原子论思想,同时法国化学家盖—吕萨克(J. L. gay-Lussac)提出了自认为对原子论有力支持的气体反应定律;1811年意大利物理学家阿伏伽德罗(A. Avogadro)提出了分子假说,将道尔顿原子论与盖-吕萨克气体反应定律统一起来,形成了科学的原子—分子学说,建立了物质结构的基本理论,但这一观点在50多年后才得到普遍的承认和应用。

   夸克模型的创立 电子和元素天然放射性的发现,打破了原子不可分的经典物理学观念,英国物理学家J. J. 汤姆逊于1903年12月提出了第一个原子结构模型即西瓜模型,1904年日本的长冈半太郎提出了"土星模型";1911年J. J. 汤姆逊的学生英籍新西兰物理学家卢瑟福提出了"微太阳系模型";1913年卢瑟福的学生丹麦物理学家玻尔提出了原子结构的量子化轨道理论的模型;20世纪20年代海森伯在量子力学的基础上将玻尔模型又改进为电子云模型;1956年日本理

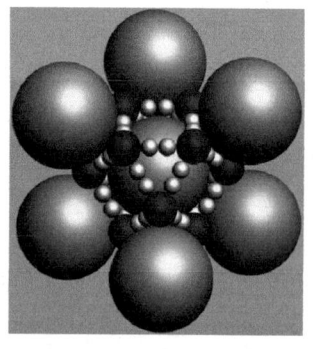

图1-8 原子间的夸克示意

论物理学家坂田昌从物质无限可分的思想出发,提出了强相互作用粒子的复合模即坂田模型;1964年盖尔曼在坂田模型的基础上提出了夸克模型。到目前为止,物理学家认为自然界中有6种不同的夸克(图1-8)。

2. 宇宙观——从地心说、日心说到宇宙大爆炸

约公元前335—320年，亚里士多德在欧多克斯的集合宇宙体系基础上，初步形成了地为中心、地为球形的宇宙观念。约公元前2世纪，古希腊天文学家托勒密在前人的基础上，运用几何模型方法建立了一个比较完整的神学色彩的地心体系。1539年，波兰天文学家哥白尼用6年的时间写出了系统阐述日心说的《天体运行论》，为近代天文学的产生奠定了基础，成为了近代自然科学产生的标志。

1755年和1796年，德国哲学家、天文学家康德（I. Kant）和法国数学家拉普拉斯（P. S. M. deLaplace）分别独立地提出了太阳系形成的星云假说，即"康德—拉普拉斯星云假说"，该学说是具有解放思想意义的宇宙发展观。1917年爱因斯坦在《根据广义相对论对宇宙所作的考察》中，运用动力学的观点考察了整个宇宙，建立了一个"有限、无边、静态"的宇宙模型，第一次将人们从长期被牛顿机械论所统治的偏见中解放出来。1917年，荷兰天文学家德西特（W. de Sitter）根据广义相对论中引力场方程的解和实际观测的推论，指出宇宙不是静态的，而是在不断地膨胀，形成了"宇宙膨胀论"，1929年，红移现象的发现为宇宙膨胀论提供了实际观测的证据，但这一理论又遇到了宇宙演化年龄的矛盾，在这种情况下，后来被证明不正确的稳恒态宇宙模型应运而生。

1948年，美籍俄国物理学家伽莫夫和他的学生阿尔费尔、赫尔曼等，通过对宇宙膨胀中的早期密集状态研究，提出了热大爆炸宇宙模型。1964年宇宙背景辐射的发现，证实了大爆炸学说的预言，也使大爆炸模型得到了人们广泛的认可（图1-9）。但2006年俄罗斯科学家又推出了电磁宇宙理论，该理论否定了宇宙大爆炸学说。

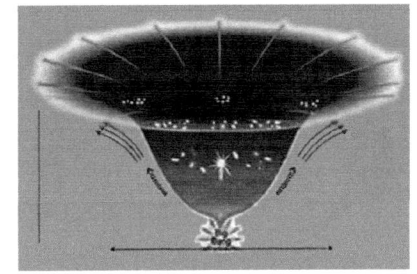

图1-9 宇宙大爆炸模型

3. 时空观——从绝对论到相对论

经典物理学经过300多年的发展，在19世纪末已建立起比较完整的理论体系、并在技术和生产中取得了巨大成功；许多人认为物理学理论已接近完成，习惯于用经典物理学的观点去解释一切自然现象。但经典物理学认为空间绝对静止，并与外界任何事物无关；时间绝对不变，自身在均匀地不受任何干扰而流逝。

19世纪60年代麦克斯韦电磁理论建立以后，人们力图用经典力学理论解

释麦克斯韦方程。1881年美国物理学家迈克尔逊（A. A. Michelson）发现了以太漂移实验的"零"结果，1887年，他又与化学家莫雷（E. W. Morley）重复了以太漂移实验的"零"结果。这本来是新的时空观即将到来的大好时机，但当时的科学家和哲学家并没有从理论上思考新的突破，而是修补了旧理论。1898年法国物理学家庞加莱提出了光速不变、在任何方向上都相同，并主张对以太漂移实验的"零"结果引入新观念进行解释，这是相对论的雏形。

1905年9月，26岁的爱因斯坦发表了《论运动物体中的电动力学》，提出了狭义相对论，认为时间、空间、质量等物理量的量度，取决于测量者与被测量者的相对运动状态，将空间、时间和物质的运动联系起来、建立了相对时空观。1915年爱因斯坦又将狭义相对论推广为广义相对论，认为现实的物质空间并不是平直的欧几里得空间，而是弯曲的黎曼空间。空间的弯曲程度取决于物质在空间的几何分布，物质分布密度越大。则引力场的强度也越大，时空"弯曲"越厉害，从而彻底否定了牛顿的绝对时空观。

4. 生命观——从神创论到进化论

由于受《圣经》中上帝创造万物思想的影响，中世纪以来欧洲人普遍接受神创论、坚持物种不变的观点。18世纪中期的法国博物学家布丰在其《自然史》中认为，地球不是《创世记》所说的只有6 000年历史，而至少是7万年（他的另一估计是50万年）；他通过对动植物和化石观察，认为物种是可变的，变异的原因在于环境的变化，这些变异会遗传给后代（获得性遗传）；认为简单的生物起源于自然，精子和卵巢里的相应部分是组成生物体的基本成分，并逐渐发育长成，即"渐成论"；他根据北美和欧亚大陆动物群的相似性，推测这两个大陆早先一定互相连通，还将物种组合成动物区系（faunas），并揭示出了一些生物地理分布的规律。但是在社会的压力下，布丰被迫宣布放弃了这些在当时被认为是离经叛道的观点，神创论仍弥漫在欧洲。

法国博物学家拉马克约在1 800年的《动物的哲学》中阐述了生物进化学说，即拉马克学说，提出了用进废退、获得性遗传两个进化法则，并认为物种可以变化，种的稳定性有相对性，生物进化的原因在于环境条件对其产生了直接影响，适应是生物进化的主要过程。物种在进化中加强和完善的适应性状可以传给后代，使生物逐渐演变，逐渐变成新种，这为达尔文进化理论的产生提供了一定的理论基础。但是由于受当时生产水平和科学水平的限制，拉马克的理论缺乏科学依据而成为了一种推论，他还认为生物天生具有向上发展的趋向，动物的意志和欲望也在进化中发生作用。

1831年底，查尔斯·罗伯特·达尔文随贝格尔号扬帆起航，沿途考察了大西洋、南美洲和太平洋沿岸岛屿的地质、植物和动物，记录和收集了大量数据和资料；1859 年，达尔文和华莱士在林耐学会的学报上发表了内容几乎相同的关于生物进化论的论文，但这两篇论文并没有引起多大的反响；同一年达尔文又发表了《物种起源》，这才征服了科学界，从此人们将自然选择的生物进化理论称为"达尔文主义"。达尔文科学地论证了物种的可变性和生物的进化性，自然选择是生物进化的动力两个问题，但当时因缺少过渡型化石、地球的年龄、遗传机理来解释自然选择，达尔文仍承认用进废退的拉马克主义。

1865 年，孟德尔发现了基因的分离定律和独立分配定律，认为只要群体足够大，在没有外来因素的影响时，一个遗传性状就不会消失；在自然选择的作用下，一个优良的基因能够增加其在群体中的频率，并逐渐扩散到整个群体。孟德尔的遗传理论正是证实达尔文自然选择理论的佐证，但孟德尔的发现却被完全忽视了；当孟德尔主义在 1900 年被重新发现时，遗传学家们却认为生物的进化是随机的基因突变，而不是自然选择。

1930 年费歇发表了《自然选择的遗传理论》，1931 年莱特发表了《孟德尔群体中的进化》，1932 年荷尔登发表了《进化的动力》，这三本现代进化论的经典著作从理论上证明，达尔文主义和孟德尔主义不仅不互相冲突，而且相辅相成，生物的进化根本不需要拉马克主义。1937 年杜布赞斯基发表了《遗传学和物种起源》，在理论上和实验上统一了自然选择学说和孟德尔遗传学；1941—1947 年，动物学家迈耶将现代进化论应用于分类学研究，提出了在地理变异和隔绝条件下新种产生的模型；古生物学家辛普森认为现代进化论能够很好地被用于解释化石记录；植物学家斯特宾斯则指出植物的进化同样能被现代进化论所解释。

1942 年，朱利安·赫胥黎在《进化：现代综合》中综合了现代进化论在各个领域的研究成果，现代进化论也因此被称为"现代综合学说"，也即新达尔文主义；1944 年，艾菲力（O. T. Avery）证明 DNA 是遗传物质；1953 年，沃森和克里克提出 DNA 的双螺旋结构模型，生物学从此进入了分子时代，此后物种遗传密码破译，揭示了生物界在分子水平上的一致性，证明了进化论关于"所有的生物由同一祖先进化而来"的命题。

但分子生物学的发展也使进化论面临了新的问题，1968 年日本遗传学家木村资生根据蛋白质序列提出了中性学说，认为在分子水平上生物进化不受自然选择的作用，而是按一定的速率随机地突变；20 世纪 80 年代以来 DNA 序列的大量测定表明，DNA 序列的改变更符合中性学说。20 世纪 60 年代以来又出现了有利于生物群体的"群体选择"、"自私的基因"假说的观点，这个假说在20世纪80年代发现自私的DNA及自私的基因之后已引起了人们的关注。

5. 数学观——从几何原本到非欧几何

萌芽时期的数学只是一些简单思维和初步运用，或者说只是一些就某一件事的死板做法。约前580—前500年，希腊数学的先驱毕达哥拉斯首先将反证明引入数学，并提出抽象法。该学派认为"万物皆整数"，后来无理数的发现推翻了毕达哥拉斯等人的信条。公元前370年，柏拉图的学生天文学家欧多克索斯（Eudoxus）用"比例理论"不仅解释了无理数问题，也隐含了极限的思想，对后来的欧几里得几何学的产生起到了积极作用；该学派所强调的数学研究中的演绎证明法，成为了后来公理化方法的发端。约公元前300年，欧几里得从基本定义、公理和公设出发，完整地演绎了465个命题，形成的数学巨著《几何原本》，奠定了几何学的基础并成为后来数学领域2 000年间的经典教科书。

在解析几何诞生之前，几何学和代数学是两种不同的数学，法国的两位数学家费马于1629年，笛卡尔于1637年将变量引进了数学，各自独立地创立了解析几何，使运动与变化的定量表述成为可能，从而为微积分的创立奠定了基础。

微分的起源虽然可追溯到古希腊，但1629年费尔马对该概念进行了陈述，1669年巴罗对微分理论作出了重要的贡献，牛顿在1665—1687年阐述了微积分的一些基本概念和原理。在1673—1676年，莱布尼茨从几何学观点上独立发现了微积分、并创建了数字符号。1696年洛比达撰写了第一部微积分课本，1769年欧拉论述了二重积分，1773年拉格朗日考察了三重积分，1837年波尔查诺给出了级数的现代定义，19世纪柯西给出了极限、连续性定义；19世纪70年代威尔斯特拉斯给出了现在使用的精确的极限定义，并与狄德金、康托一起建立了严格的实数理论、使微积分有了坚固可靠的逻辑基础。

19世纪20年代俄国喀山大学教授罗切夫斯基，发现了与欧氏几何完全不同非欧几何即罗巴切夫斯基几何（罗氏几何），1832年匈牙利数学家鲍耶·雅诺什也同时发现了非欧几何学的存在。1868年意大利数学家贝特拉米证明非欧几何可以在欧几里得空间的曲面上实现，即非欧几何命题可以"翻译"成相应的欧几里得几何命题，非欧几何得以建立。长期无人问津的非欧几何开始获得了学术界的普遍注意和研究，罗巴切夫斯基则被赞誉为"几何学中的哥白尼"。

五、当代科学技术发展趋势

人类社会经过上万年的发展，已完全进入了科技时代，当代科学技术的发展突现在科学技术研究规模日益扩大，科学技术竞争日益激烈，科学技术发展已成为国家战略问题。

1. 科学技术研究规模日益扩大

科学技术规模扩大表现为两个方面。第一，科学技术队伍急剧增长；联合国教科文组织统计数据表明，1896年全世界研究人员有5万人，1953年40万，20世纪70年代达500万人。第二，国家级和国际合作研究项目和投资都急剧增长；1937年希特勒用3亿马克建立了军事科研中心，并创造出了V-1、V-2飞弹；1942—1945年，美国"曼哈顿"制造原子弹工程计划耗资23亿美元；1961—1972年，美国的"阿波罗登月计划"投资200亿美元；2005~2009年美国的《21世纪纳米技术研究开发法案》将投入约37亿美元。1985年，西欧"尤里卡"计划有多个西欧国家参与，而人类基因组计划则是跨国际的合作项目。

科学技术发展态势加速　其一，科技成果迅速增长；16世纪全世界共有26项重要科技成果，17世纪106项，18世纪759项，19世纪546项，20世纪前50年961项，近30多年的数量比过去200年的总和还要多。其二，科学技术发明到实际应用的周期日短；世界重大技术的发明到应用，蒸汽机用了100年，真空管用了33年，汽车27年，晶体管5年，激光器1年。

科学技术与生产的一体化　任何科学技术的发明和发现、其最终目的是为人类所利用，当代科学技术与生产的结合更为密切，科学研究的回报率、产品的科技含量越来越高；如美国60年代科技投资与经济效益之比已为1：23，80年代科技因素在经济增长中所占比例为80%。

科学技术高度分化与高度综合　19世纪中叶以前新学科的建立来自于旧学科的分化，而19世纪中叶至今，由分化和学科综合形成的新学科几乎相等，在自然科学和社会科学内部以及两大学科之间相互渗透和融合形成的边缘学科、软科学、横断科学不断出现和发展。如生物工程包括了基因工程、酶工程、细胞工程、发酵工程等技术体系；基因工程药物是重组DNA的表达产物，其开发重点是蛋白质类药物，如胰岛素、人生长激素、促红细胞生成素等。人类基因组工程（HGP）中的人类基因草图已于2000年6月26日宣布完成，但人类对食品和可再生能源不断增长的需求是21世纪面临的重大挑战之一。世界上有8亿人没有足够的粮食，而以植物为基础的技术对迎接这些挑战至关重要，要迎接上述挑战则必须拓展植物生物学研究，加强对以植物为基础的技术及其实际应用的研究，提高其在经济和环境中的作用和贡献。

2. 科学技术竞争日益激烈

美国人认为要在 21 世纪继续保持其经济上的领导地位，保证其国家安全，需要在未来的 10 至 20 年中显著地、稳定地增加科技研究开发的投入，以期在材料与制造业、纳米电子学、医药保健、环境、能源、化学、生物技术、农业、信息技术和国家与国土安全等领域取得突破。

例如，美国制定纳米技术的国家计划虽晚于日本，但似乎取得了比后者更明显的成效。目前美国正在进行以纳米技术与应用系统的全面研究，如半导体芯片、癌症诊断、光学新材料和生物分子追踪等，其中在芯片和癌症诊断领域的应用可望在 10 年内出现大的突破。美国纳米技术的研究热点正由半导体芯片领域转向医学领域，纳米医学技术已经被列入美国的优先科研计划。而其他国家则主要处于纳米技术的基础研究阶段，欧盟的计划预算已达到了 175 亿欧元。

再例如，随着人类对基因研究的不断深入，发现许多疾病是由于基因结构与功能发生改变所引起。科学家将不仅能发现有缺陷的基因，而且还能掌握如何进行基因诊断、修复、治疗和预防，这是生物技术发展的前沿，并已扩大到了生物基因资源的开发和利用、提高粮食作物产量等方面，世界各发达国家和一些新兴国家都在这一领域进行着激烈的研究竞争。

3. 科学技术已成为国家发展战略问题

现代世界国与国间的角逐与竞争已离不开科学技术，一个国家的国力虽然显著地体现在其军事实力上，但军事实力的提高已完全依托于科学技术。因此，美国政府将长期扶持纳米技术、人类基因计划、空间科学、军事科学等研究工作，以期在这些领域取得突破，在 21 世纪继续占据科学技术的制高点，维持其领导世界的地位。

科学家们在利用基因工程技术改良农作物方面已取得重大进展，基因技术使开发农作物新品种的时间大为缩短，一场新的绿色革命近在眼前，这场新的绿色革命的一个显著特点就是生物技术、农业、食品和医药行业将融合到一起。在人类食物资源短缺问题逐渐暴露的今天，掌握增产粮食的核心技术国家，也就是掌握了国家可持续发展的命运。

分子进化工程是继蛋白质工程之后的第三代基因工程，它通过在试管里对以核酸为主的多分子体系施以选择压力，模拟自然中生物进化历程、创造新基因和新蛋白质。科学家已应用此方法，通过试管里的定向进化，获得了能抑制凝血酶活性的 DNA 分子，这类 DNA 具有抗凝血作用，它有可能代替溶解血栓的蛋白质药物，治疗心肌梗死、脑血栓等疾病。因此，哪个国家掌握的这类技术越多，所开发的新医药就多，就能在世界新医药技术领域控制其他国家的发展。目前，我国在蛋白基因的突变研究、血液病的基因治疗、食管癌研究、分子进化理论、白血病相关基因的结构等研究上，部分成果已处于国际领先水平、部分已形成了自己的技术体系；而乙肝疫苗、重组α型干扰素、重组人红细胞生成素以及转基因动物的药物生产器等十多个基因工程药物，均已进入了产业化阶段。

虽然我国已在航天、核能利用、生物技术等方面取得了不少进展，但我国科技的总体水平还比较落后。因此，我国2006年公布了《国家中长期科学和技术发展纲要（2006—2020）》、《关于实施国家中长期科学和技术发展纲要（2006—2020）若干配套政策的通知》，启动了我国的自主创新国家战略。

六、科学研究的意义

科学研究有传承和发展过程，任何一项科学研究或许在当代并不能完全表现其意义，但却可能为后人的研究和社会发展提供基础。人类社会正是在不断的科学探索中获得了进步、走向了层次更高的文明。因此，进行科学研究的意义就体现在经济、科学、技术和社会的发展等方面。

改变人文观念　这主要体现在3个方面：①人的世界观、人生观、价值观、伦理观等人生观，能因接受和享受科学成果而改变。②人的生产、生活、学习、交往、思维方式和行为，将随科学观而改变，进而追求身心健康、社会适应、环境和谐。③在科学基础上建立起人与自然的和谐关系和保护自然和生态的观念，改变人在自然界的地位观。④遵循科学规律，将改变对人类社会的认识，人类社会也遵循生态原理，有其特有的自组织、自适应、自调节、自修复自然法则。

促进社会文明　科学研究是推动社会文明发展和进步的动力，科学发展观统筹经济与社会发展，协调经济、社会、环境、资源与人的关系，完善人的生存环境、提高生活质量。所以任何时代的科学研究和发展必须以人为本、促进人类社会的全面发展，并用发展理念培养出实现社会可持续发展的责任者、实践者。以人为本、科学发展的发展观是现代人类的治国思想，也是培育人才的一种科学思维方法，以人为本的基本涵义包括强调人在社会发展中的地位、作用、个人的独立性和要求，同时关注人的生存和发展命运。

促进科学进步　现代科学研究正在促进科学向系统、复杂、整合、统一的方向发展，促进了如生物、信息、纳米、认知四大技术的会聚（BINC），引起了医学模式的再次革命、产生了工程医学及新医学观念，催生了如医药生物技术、农业生物技术、环保生物技术、生物信息技术、食品工业技术、微型制造技术、生物功能和过程数字化技术等技术群。

推动经济发展　科学技术的发展状态和水平对社会经济发展的影响不同。如现在的信息技术将全面普及并趋于常规化，芯片集成度趋于极限，而生物经济时代可能将于20年后到来，渗透到人类生活和生产的各个方面，进而成为整个世界经济的主力。生物经济时代可能有如下特点：①催生新兴产业群，如在医药、保健、农业、环保、食品、制造等行业中形成新兴产业。②促进产业结构由高投入、高消耗、高污染、低产出的传统粗放型，向以生物技术为主的节约型产业结构转变。③20世纪10年代至40年代信息经济处于孕育期（信息论和计算机诞生），50年代至80年代信息经济进入生长期（半导体、微电子、硬软件），生物经济开始孕育期（确定DNA结构、基因重组和人工合成）；20世纪90年代至21世纪20年代信息经济进入成熟期（网络、智能化），生物经济将进入生长期；21世纪30年代至60年代，信息经济进入衰退期、生物经济进入成熟期；21世纪70年代至22世纪10年代信息经济时代基本过去、生物经济进入衰退期，或如航天、深海、深地层开发经济时代将出现。

要以科学的思维方法塑造自我，在任何情况下，面对任何事情时都富有科学素养和品格，应该把握以下几个方面：①科学思维方法不会遗传，要经过社会实践、学习、思维训练、科学实践的逐步体验、积累和提高。因此，应在社会与科学实践当中开诚布公、大公无私，真挚忠诚、不存虚伪，追求真理、是非分明，勤苦努力、不懒不懈，锲而不舍。②科学的思维方法不是孤立和固定不变的学问，实践条件不同、目的不同，人的理解水平和灵活性不同，其积累和使用科学思维方法的情形也不相同，所以只有掌握和灵活使用多种多样的科学思维方法，才能才思敏捷。③使用思维方法解决问题时要以时间、地点、条件为转移，在运用一定的思维方法时也要掌握具体的方式、环节步骤、程序与技巧，同时也应勇于探索、养成创新意识。④在学习继承前人科学思维方法的基础上，根据自身特点以科学方法和精神发掘自身的科学智能，提高自身的科学思维方法、辨别能力。

参考文献

1. 周苏玉. 科学发展观与人的全面发展关系略释. 高教发展与评估, 2006, 22（3）: 9~11

2. 张帆. 从科学革命看科学思维方式的变革. 系统科学学报, 2006, 14 (3): 61~65

3. 冯平宇, 李锐锋, 刘冠英. 科学发展观的系统学思考. 系统科学学报, 2006, 14 (3): 54~56

4. 许鲁州, 翁旭红. 以科学发展观为指导对大学生加强科学思维方法教育. 江南大学学报（人文社会科学版）, 2006, 5 (1): 104~107

5. 兰智高. 伽利略与科学实验方法的创立. 枣庄学院学报, 2006, 23 (2): 51~53

6. 李建珊. 论近代科学方法的起源与发展. 广州大学学报（社会科学版）, 2005, 4 (11): 13~19

7. 周晓风. 现代文学研究科学方法的反思. 文学评论, 2006 (3): 177~182

8. 杨浩菊, 甘向阳. 世界背景下的中国科学史研究. 山西高等学校社会科学学报, 2003, 15 (1): 50~52

第二章 科学方法论

[**本章提要**] 论述了科学方法论、经验方法、理论方法、系统科学方法的基本概念和原理,介绍了科学知识形成的假设与验证过程,通过对科学基本知识、基本方法及科学与社会关系的认识,锻造科学素养,包括以实事求是为核心的科学态度的培养,以关心自然、关心社会为核心的科学情感的培养,以掌握理论方法和经验方法为主的科学方法的培养以及科学思维、自主学习、合作精神的培养等。

科学方法论是关于科学的一般研究方法的理论,探索方法的一般结构,阐述它们的发展趋势和方向,以及科学研究中各种方法的相互关系问题,有广义狭义之分。狭义的仅指自然科学方法论,即研究自然科学中的一般方法,如观察法、实验法、数学方法等。广义的则指哲学方法论,即研究一切科学的最普遍的方法。科学方法论是科学哲学中最富旨趣的部分。尽管科学方法有共性,但学科不同、其研究方法的差别很大。了解自然科学、人文与社会科学的研究方式及其互补性,能够开拓科学研究的思维能力。

第一节 科学研究方法

科学研究过程就是对某一未知世界进行科学认识的过程,一个完整的科学认识过程,要经历"感性—理性—实践—理性"的阶段,在各个阶段当中都有与其具体内容相对应的科学研究方法。现代科学研究方法和理论的发展,为人们的科学认识过程,提供了比较完善的认识工具。一般研究法可以划分为三大类型(图2-1)。

一、经验方法

科学研究就是追求知识或解决问题的一项系统性活动,有待解决的问题与研究对象的本质和规律有关,而本质和规律常常是隐藏在现象,即经验材料当中。只有经验材料充足、准确可靠时,才能在这些材料的基础上建立正确的概念和理论,揭示对象的本质和规律,解决科学的问题。获得经验材料的方法就是经验方法,常包括如下四个类型。

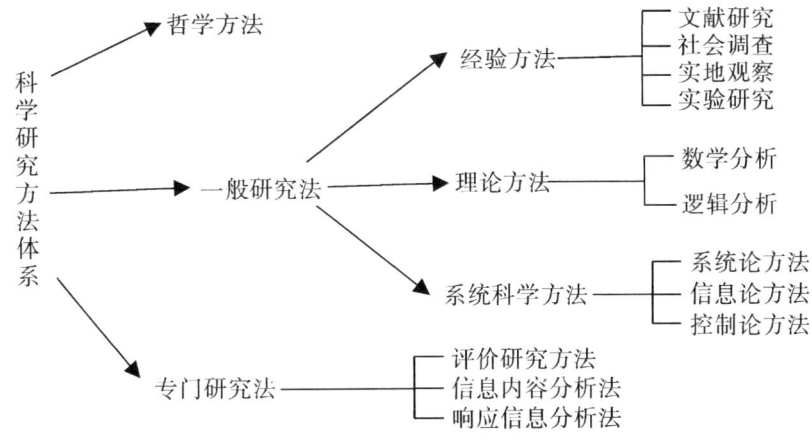

图 2-1 科学研究的方法体系*

文献研究法 科学技术的发展有很强的历史继承性,文献研究就是为了对所要解决的问题有个全面的历史的了解。有了全面的了解,才能站在前人的肩膀上,把前人和当代的成果作为进一步前进的起点,不重复前人已经做过的工作,避免前人已经走过的弯路,将研究核心放在创造性的研究上。具体说文献研究法就是利用有关专业文摘、索引、工具书、光盘和 Internet 资源等,以及鉴别文献真伪、发挥文献价值与创造性地利用文献的方法。

社会调查法 社会调查法就是有目的、有意识地对社会现象进行考察,获得来自社会系统中各种要素和结构的直接资料的一种方法,该方法在人文社会科学研究中使用较多。根据调查目的、调查对象和调查内容的不同,社会调查法可分为访问调查、问卷调查、个案调查等多种方法。访问调查法,也称访谈法,是访问者通过口头交谈等方式直接向被访问者了解社会情况或探讨社会问题的调查方法。问卷调查法也称问卷法,它是调查者运用统一设计的问卷向被选取的调查对象了解情况或征询意见的调查方法。个案调查是从总体中选取一个或几个调查对象进行研究,其主要作用是要深入、细致地描述一个具体单位的全貌和具体的社会过程。

实地观察法 实地观察法是研究者有目的、有计划地运用自己的感觉器

---

* 该图资源来源于:http://www.2010.cn/area_beijing/xzfw/detail.asp?id=6026

官或借助科学观察仪器，直接了解当前正在发生的、处于自然状态下的某种现象的方法。

实验研究法　实验研究法是实验者有目的、有意识的通过改变某些环境或因素的实践活动，来认识实验对象的本质及其规律的方法。实验研究法的基本要素包括：①实验者，即实验调查的有目的、有意识的活动主体，他们都以一定的实验假设来指导自己的实验活动；②实验对象，即实验调查者所要认识的客体，他们往往被分成实验组和对照组这两类对象；③实验环境，即实验对象所处的各种社会条件的总和，它们可以分为人工实验环境和自然实验环境；④实验活动，即改变实验对象所处条件的各种实验活动，它们在实验研究中被称为"实验激发"；⑤实验检测，即在实验过程中对实验对象所作的检查或测定，他可以分为实验激发前的检测和实验激发后的检测。

二、理论方法

对某一事物的本质和规律要有完整的科学认识，仅仅运用经验方法是不够的，还必须运用科学认识的理论方法，对调查、观察、实验等所获得的感性材料进行整理、分析，对原来零散、片面和表面的感性材料进行加工，使之上升为反映事物本质的理性认识，该方法主要包括两个类型。

数学方法　所谓数学方法，就是用数学工具对研究对象进行一系列量的处理，从而做出正确的说明和判断，得到以数字形式表述的成果。科学研究的对象是质和量的统一体，这就要求不仅要对研究对象的质进行定性，还必须对它们的量进行考察和分析，以便更准确地认识研究对象的本质和特性。科学研究中的数学方法主要包括统计处理、数学建模和模糊数学分析方法等。

思维方法　科学的思维方法是准确表达思想的重要工具，在科学研究中最常用的科学思维方法包括归纳演绎、类比推理、抽象概括、思辨想象、分析综合等，它对于一切科学研究都具有普遍的指导意义。

三、逻辑与非逻辑方法

所谓逻辑方法，一般认为是指一个思维过程中得出的结果不超过启动该过程的最初知识所涉及范围的思维方式。逻辑思维方式是不可缺少的基本思考环节，它能起到对知识的整理加工、检验论证的作用。无论从事哪个方面的创新思考的人，都需要认真学习逻辑学知识，熟悉逻辑演绎思维方法的运用。非逻辑方法是指一个思维过程得出的结果超出了出发知识所涉及范围的思维方法。运用这种方法进行思考,也会有"思考的根据"和"思考的结果"这样两个部分。但它们不同于前者,不构成逻辑推理那样的推理形式。

逻辑方法 即在感性认识的基础上,使用概念、判断、推理等,对事物或事件的因果、规律、原理进行概括。主要逻辑方法有:①分析与综合,先将事物的整体分解为部分或要素,然后在分析的基础上将对事物各个部分或要素的认识联结为对事物整体的认识。②归纳与演绎推理,归纳是从多个"个别"所具有的特性推导出能概括全部"个别"特性的思维方法,演绎则是依据已知的基本定理、定律、定义,推导出其他命题的方法。③类比推理法,是根据两对事物在某些方面的类似、相同性,推断他们是否在其他方面也有类似或相同性的方法,这包括对"对象"的联想和比较,对要使用的类比技术进行分析,对事物的形态、属性、结构、功能、发展规律等进行联想和比较。

非逻辑方法 非逻辑方法来自非逻辑思维(形象思维),即根据事物的形状、姿势、发生特征,用意想、想象、直觉、灵感等描述或揭示事物的本质。非逻辑方法的特点在于:①一般没有确定的思维模式和步骤;②没有必须遵从的原则;③不苛求每步的正确性;④思维根据和思考结果之间不具有必然联系;⑤受运用者的动机、意志、兴趣、感情等非智力因素的影响较大;⑥采用体形或面形的思维方式。人们可以通过参加各项实践活动与学习各门知识逐步掌握和熟悉常规思维方法(主要表现为逻辑思维方法)。而要能有所突破,有所创新,要能想出新见解,仅仅遵循常规思路是不够的。作为提供非常规思路的非逻辑思维方式,其作用就在于,当人们有待突破、创新,运用常规思维方法难以前进时,它能"切断"常规思维方法所指引的思路,开辟一个新的视野,提供一个新的思维方法和途径,超过面临的障碍,实现思维的"飞跃"和"质变"。

如果将两类思维方法在思维过程中的作用加以横向的比较,我们可以看出二者的差别。逻辑思维方法的主要作用是,对提出的各种设想进行整理加工和审查筛选,从而找到最佳方案。非逻辑思维方法的主要作用则是,为解决问题广开思路,从而提出新颖、独特的设想。逻辑思维方法的运用能使人的思考活动具有准确性、严密性和条理性;非逻辑思维方法侧重于人的思考活动的流畅性、灵活性和独创性。

四、系统科学方法

20世纪,系统论、控制论、信息论等科学的发展,为发展综合思维方式提供了手段,并使科学研究方法不断地完善。以系统论方法、控制论方法和信息论方法为代表的系统科学方法,既可以作为经验方法、获得感性材料的方法来使用,也可以作为理论方法、分析感性材料使其上升到理性认识的方法来使用。它们适用于科学认识的各个阶段,因此被称为系统科学方法。

系统论 系统论是研究系统的一般模式、结构和规律的学问,它研究各种系统的共同特征,用数学方法定量地描述其功能,寻求并确立适用于一切系统的原理、原则和数学模型,是具有逻辑和数学性质的一门新兴的科学。系统一词,来源于古希腊语,是由部分构成整体的意思。今天人们从各种角度上研究系统,对系统下的定义不下几十种。如"系统是诸元素及其顺常行为的给定集合","系统是有组织的和被组织化的全体","系统是有联系的物质和过程的集合","系统是许多要素保持有机的秩序,向同一目的行动的东西"等等。系统论则试图给一个能描示各种系统共同特征,并定义为系统是由若干要素以一定结构形式联结构成的具有某种功能的有机整体。在这个定义中包括了系统、要素、结构、功能四个概念,表明了要素与要素、要素与系统、系统与环境三方面的关系。

系统论认为,整体性、联系性、层次结构性、动态平衡性、时序性等是所有系统的共同的基本特征。这些既是系统所具有的基本思想观点,而且它也是系统方法的基本原则,表现了系统论是反映客观规律的科学理论,具有科学方法论的含义,这正是系统论这门科学的特点。系统论的核心思想是系统的整体观念。任何系统都是一个有机的整体,它不是各个部分的机械组合或简单相加,系统的整体功能是各要素在孤立状态下所没有的新性质。同时认为,系统中各要素不是孤立地存在着,每个要素在系统中都处于一定的位置上,起着特定的作用。要素之间相互关联,构成了一个不可分割的整体。要素是整体中的要素,如果将要素从系统整体中割离出来,它将失去要素的作用。

系统论的基本思想方法,就是把所研究和处理的对象当做一个系统,分析系统的结构和功能,研究系统、要素、环境三者的相互关系和变动的规律性,并从优化系统的观点看问题,世界上任何事物都可以看成是一个系统,系统是普遍存在的。大至渺茫的宇宙,小至微观的原子,一粒种子、一群蜜蜂、一台机器、一个工厂、一个学会团体……都是系统,整个世界就是系统的集合。

系统是多种多样的,可以根据不同的原则和情况来划分系统的类型。按人类干预的情况可划分自然系统、人工系统;按学科领域就可分成自然系统、社会系统和思维系统;按范围划分则有宏观系统、微观系统;按与环境的关系划分就有开放系统、封闭系统、孤立系统;按状态划分就有平衡系统、非平衡系统、近平衡系统、远平衡系统等等。此外还有大系统、小系统的相对区别。

系统论的任务,不仅在于认识系统的特点和规律,更重要的还在于利用这些特点和规律去控制、管理、改造或创造一系统,使它的存在与发展合乎人的目的需要。也就是说,研究系统的目的在于调整系统结构和各要素关系,使系统达到优化目标。

系统论的出现,使人类的思维方式发生了深刻的变化。以往研究问题,一般是把事物分解成若干部分,抽象出最简单的因素来,然后再以部分的性质去说明复杂事物。这是由笛卡尔奠定理论基础的分析方法。这种方法的着眼点在局部或要素,遵循的是单项因果决定论。虽然这是几百年来在特定范围内行之有效、人们最熟悉的思维方法,但是它不能如实地说明事物的整体性,不能反映事物之间的联系和相互作用,它只适应认识较为简单的事物,而不胜任于对复杂问题的研究。在现代科学的整体化和高度综合化发展的趋势下,在人类面临许多规模巨大、关系复杂、参数众多的复杂问题面前,它就显得无能为力了。正当传统分析方法束手无策的时候,系统分析方法却能别开生面地为现代复杂问题提供了有效的思维方式。所以系统论,连同控制论、信息论等其他横断科学一起所提供的新思路和新方法,为人类的思维开拓新路,它们作为现代科学的新潮流,促进着各门科学的发展。

控制论 控制论是美国著名数学家维纳(Wiener N)同他的合作者自觉地适应近代科学技术中不同门类相互渗透与相互融合的发展趋势而创立的。它摆脱了牛顿经典力学和拉普拉斯机械决定论的束缚,使用新的统计理论研究系统运动状态、行为方式和变化趋势的各种可能性。控制论是研究系统的状态、功能、行为方式及变动趋势,控制系统的稳定,揭示不同系统的共同的控制规律,使系统按预定目标运行的技术科学。

信息论 信息论是由美国数学家香农创立的,它是用概率论和数理统计方法,从量的方面来研究系统的信息如何获取、加工、处理、传输和控制的一门科学。信息就是指消息中所包含的新内容与新知识,是用来减少和消除人们对于事物认识的不确定性。信息是一切系统保持一定结构、实现其功能的基础。狭义信息论是研究在通讯系统中普遍存在着的信息传递的共同规律,以及如何提高各信息传输系统的有效性和可靠性的一门通讯理论。广义信息论被理解为使运用狭义信息论的观点来研究一切问题的理论。信息论认为,系统正是通过获取、传递、加工与处理信息而实现其有目的的运动的。信息论能够揭示人类认识活动产生飞跃的实质,有助于探索与研究人们的思维规律和推动人们的思维活动。

控制论、信息论和系统论被统称为系统科学。当前系统科学发展的趋势是朝着统一各种各样的系统理论，建立统一的系统科学体系。系统理论目前已经显现出几个值得注意的趋势和特点：第一，系统论与控制论、信息论、运筹学、系统工程、电子计算机和现代通讯技术等新兴学科相互渗透、紧密结合的趋势；第二，系统论、控制论、信息论，正朝着"三归一"的方向发展，现已明确系统论是其他两论的基础；第三，耗散结构论、协同学、突变论、模糊系统理论等新的科学理论从各方面丰富和发展了系统论的内容，有必要概括出一门系统学作为系统科学的基础科学理论；第四，系统科学的哲学和方法论问题日益引起人们的重视。

第二节 假设与验证

假设与假设的验证是科学研究中的常用方法。虽然质的研究并不常用假设—验证的思考方式，但量的实证研究则以假设—验证为核心；在应用推论统计研究中，通常都设立"虚无假设"与"对立假设"，并加以验证。要恰当使用假设—验证的方法，关键则在于把握假设的预测性、实证性、创新性，并建立一个好的假设。

一、科学研究中的想象、理想和假设

西方文明能有今天这样的成果，一方面得益于希腊文明的科学精神，另一方面则得益于希伯来文明的宗教精神。

宗教关注的是通过信仰从上帝的启示中获得永恒的真理和心灵的安慰，科学强调的是通过观测和推理来发现有关世界的事实及其背后的规律，宗教与科学构成了人类精神生活的不同领域，它们是可以互补的，并非是根本对立的，宗教精神和价值观念也有益于科学的发展。与科学有冲突的是神学而不是宗教，教条主义的神学不仅对科学，而且对宗教也是有害的。如果能够正确的吸取宗教精神中的理想、想象和假设思想，对科学研究会有很大的裨益。

理想、想象和假设是解决科学、生活、社会等问题的第一步，对待任何问题，都可以构思出其各种发展过程和结果，也可以构思出解决各个环节问题的方法。其基本模式为，事件（大问题）──→构思该问题的各种发展过

程——→细化发展过程的环节——→提出和设计解决发展过程及各环节小问题的方法——→解决小问题或进行试验——→归纳、综合、演绎、推理——→解决事件。

二、经验假设

假设，又称假说，是人们根据已知的事物材料和科学理论，对尚未被认识的现象及其规律所做出的一种假定性的说明。它是以一定的科学事实作根据，应用一定科学理论，对新事实做出说明或理论上的推测。假设有两个极其鲜明的特点：一是科学性，二是假定性。假设就是科学性和假定性的统一。假设的提出，必须遵循以下原则：①既要从事实出发，又要超越事实；②既要遵循原有的科学理论，又不要受它的束缚和限制；③既要敢于坚持，又要善于放弃。假设作为科学研究的一般方法，在科学技术领域中广泛应用。例如，牛顿提出的万有引力假说；康德提出太阳系起源于原始星云的假说；"核物理之父"卢瑟福提出的中性粒子的假说；生物科学中遗传与变异、进化论假说，等等。因此，恩格斯说："只要自然科学在思维着，它的发展形式就是假说。"（《自然辩证法》，218页）

假设作为一种科学研究方法，在科学的发展中起着重要的作用。首先，它使科学研究成为能动的自觉活动；其次，假设是逼近客观真理的通路；再次，它是开拓科学新领域，打开科学宝库的钥匙；最后，假说可以唤起众说，促进科学发展。

按性质和复杂程度，假设可以划分为描述性、解释性和预测性三种类型。描述性的假设是研究中常用的一种假设形式。描述性的假设向我们提供关于事物的某些外部联系和大致的数量关系的推测，是关于对象的大致轮廓和外部表象的一种描述。解释性的假设是比描述假设更高一级的形式，是更复杂、更重要的一种假设。解释性假设与描述性假设不同之处就在于，解释性假设揭示事物的内部联系，提出现象的质的方面，说明事物的原因。预测性的假设，则是更复杂更困难的一种假设。因为预测性的假设是对事物未来的发展趋势的科学推测。这种推测没有对现实事物更深入、更全面的了解是提不出来的。预测性假设主要用于全国范围内的、具有战略意义的某些综合性课题的研究。

三、理论推断假设

所谓理论推断假设，又称科学假设，是关于事物现象的因果性或规律性的一种假定性的解释，是依据一定的科学原理和事实，对解决科学研究问题提出猜测性、尝试性方案的说明方式。简言之，理论假设是指科学的推测或设想。

理论假设具有比较复杂的内容结构。第一，一个假设必须说明它要解答的问题。假设的提出不是无缘无故的，它是用来回答特定的问题、解释一定的事实的。第二，理论假设必须说明自己尚未经过实证理论来解答问题，这是假设的核心部分。第三，理论假设必须广泛地解释其他的相关事实。对广泛的事实做出解释，这既是表现被设想的理论具有多大的实证能力，同时也是表明被设想的理论得到了大量事实的支持。不仅如此，一个假设还必须尽可能地预测未知的新事实。这既是表现被设想的理论具有多大启发力，同时也是表明被设想的理论可以给予严格的检验。总之，理论假设的内容非常复杂，它既包含有理论的陈述，又包含有事实的陈述，它既有真实性尚未判定的内容，又有比较确实的内容。

理论假设的基本特征是：第一，科学性。假设不是随意的幻想和毫无根据的空想，而是人们以已经认识并掌握了的有关科学知识或经验知识为依据，以一定的确实可靠的关于研究对象的事实材料为基础，并按照科学逻辑的方法推理而成。第二，推测性。假设是在不完全或不充分的经验事实基础上推导出来的，是还未经过实践检验的结论，尚存在疑问的思想形态。因此，假设不得不带有一定成分的想象与推测。第三，抽象性与逻辑性。假设不是经验事实的简单堆砌，而是由概念、判断、推理构成的逻辑体系。但是，假设的这种抽象性与逻辑性是不成熟的。第四，预见性。假设是对事物的本质、事物的内在联系、事物的规律性的猜测和推断，已具有一定的预见性。当然这种预见性不一定准确。第五，多样性。科学研究中，对同一现象及其规律可以做出两种或多种不同的理论假设，以供比较研究。

理论假设的形成过程可分为如下三个阶段：第一，发现已知的事实与已有的理论之间的矛盾，即新事物与旧理论之间的"失谐"所在。第二，为解决"失谐"现象，在尊重已有教育理论和已有事实的基础上，提出某种推测性设想，尽可能使新事实与旧理论协调起来。这一设想便构成假设的核心。第三，以这一设想为线索尽可能多地以已有理论和事实作论证和补充，使它较为完善和严谨。并从假设的基本命题，做出某种预见，去预见未知的事实，对事实、现象的规律或原因做出推测性的说明。因此，一个已形成的理论假设应包括两部分：一是假设的核心部分；另一是假设的推论部分。

需要指出的是，理论假设必须符合一定的科学程序和要求。提出理论假设的依据主要是两条：第一，现有的理论和概念不足以令人信服地解释和说明所要研究的问题。第二，对要研究的事物所作的观察还不全面和不系统。除了应遵循上述两点外，一个正确的可靠的理论假设还需要在应用假设开展实际研究的过程中，不断地同获得的实际材料、新的知识进行比较。如果研究的过程与假设的推测相符，特别是如果研究的结果证明了假设的设想，无疑说明我们提出的假设是正确可靠的。当然人们的认识要有一个过程，不是一次能够完成的。研究中被证明了的假设，在以后的更深入的研究中可能会被部分纠正，甚至有被全部推翻的可能。这一过程称之为假设的验证。

第三节　科学研究与修养

科学技术研究是现代文明社会结构的成分之一，是国家和政府解决各种社会问题和发展问题的手段。参与科学研究、使用科学方法解决问题，也是提高个人修养和品格的有效途径。

一、人的智能与科学素养的自我设计

1957年11月，前苏联将第一颗人造卫星送上了太空，美国认为其落后的原因缘于教育，而他们的教育部门则认为美国的自然科学教育是先进的，但艺术教育落后与前苏联，即两国科技人员不同的文化艺术素质导致了美国空间技术的落后。是否是因为俄国人的艺术素质超过了美国人而导致了美国的太空科学技术落后，人的艺术素质差距能产生哪些影响和间接的作用？为此，他们用"零"表示对艺术教育认识的空白，于1967年在美国哈佛大学教育研究生院创立了"零点项目"，研究艺术教育、艺术素质与人的创造能力的差别。

历时近20年，花费上亿美元的"零点项目"，从幼儿园起连续进行了20多年的追踪对比，出版了几十本专著、上千篇论文，对美国的教育法和基础教育产生了深远的影响。"零点项目"现任执行主席Howard Gardner（霍华德·加德纳）在1983年提出了认知上的一个新理论，即与20世纪初由法国人提出的智力商数（IQ）测试方法相对立的多元智能理论。

多元智能理论认为，人有7种智能（1994增加了"自然观察智能"及还未肯定的"存在智能"），并指出人的每种智能的表现形式和程度不同，每种智能均会产生各种不同的人才。

这8或9种智能是：①语言智能，即语言交流和表达能力强，如诗人、

记者、律师、翻译家、演说家等。②数理逻辑智能,即有较好的数理逻辑能力,如数学家、逻辑学家、科学家等。③音乐智能,即对音乐符号感知力强,如作曲家、歌唱家等。④空间智能,即空间思维和想象力丰富,如航海家、飞行员、雕塑家等。⑤肢体运动智能,如舞蹈家、外科大夫、手工业者、运动员等。⑥人际关系智能,即情绪、情感丰富,如教师、销售员等。⑦自我认识(内省)智能,即对自己的了解,如谋划家、组织家等。⑧自然观察(博物)智能,了解自然并有兴趣,如博物学者、生态学家、生命科学学者。⑨存在智能,包括加德纳在内的许多学者都模糊地认识到,人应该具有存在于自然界的一种智能,即存在智能;但他们的"存在智能"一说很不确切,也不能表述其含义,反而使其模糊化,只有解释为生存智能 living intelligence 更为合适。

总结加德纳本人及众多研究者的见解,这 8(或 9)种智能应当包含着四层含义:①每个人都有存在这些智能的可能性,一个人的能力是多种智能的组合表现。②智能是一种生理潜能,这些智能在每个人身上会表现出不同的形态。③智能的表现和情景(或场所、或环境)有关。④智能的功能在于解决问题或创造。

以多元智能解释人的本领,更加符合人的自然本性。所以,只要每个有学识或专长的人能够认识自己智能的特长、发挥其优势,经过科学实践的熏陶,掌握解决问题的科学方法,都可以成为社会所需要的、有成就的人才。

人的科学素养一般被认为分为 3 个方面:一是对科学的基本概念和知识的认识;二是对科学方法的认识;三是对科学与社会之间关系的认识。素养,可以分为素质和修养。一般认为,素质主要是先天具备的,修养是后天习得的,后天的学习比先天的素质更重要。造就人的科学素养,包括以实事求是为核心的科学态度的培养,以关心自然、关心社会为核心的科学情感的培养,以掌握理论方法和经验方法为主的科学方法的培养以及科学思维、自主学习、合作精神的培养等。

二、科学研究思维方法的修养

科学研究是知识、能力系统化整合的一个过程,使用科学方法解析、解决问题是灵活组合知识和技能的过程。完整地参与一项科学研究,能够从中学会分析问题、解决问题的科学方法,这些方法包括观察法、实验法、推理法、类比法、等效法、求同法、求异法、比较法、控制变量法、数学计算法等,所有科学、社会、生活问题的解决都是利用这些方法进行探究的结果,而"要解决的问题"只是施展这些方法的舞台或平台。

"要解决的问题"没有相似性,即使同样的问题,对不同智能的人也是不同的。不论知识、能力如何,在面对"要解决的问题"时,均要充分利用已掌握的基本和相关知识及方法,分析问题、明确条件和过程、正确归纳和推理,建立起"观察—思考—实验—分析研究—得到结论"的探究过程或模式,最终形成有自我特色的解决问题的科学方法。

科学智慧和科学思维主要表现为一种"悟性"。如在一个大操场里堆满了砖石瓦块、钢筋水泥等建筑材料,这对于一个完全没有智慧的人来说,他只能望洋兴叹、一筹莫展。对于一个有点智慧的人,他会想到用这些建筑材料搭鸡窝,搭一个用不了,可以搭一百个鸡窝,但他的本事也只能搭鸡窝。对于一个智慧稍高的人,他会用来建平房,可以建一排排的平房,但也只会建平房。但对于高智商的建筑工程师来说,他可以设计和建造高耸入云的大楼和风格新颖的别墅。在一些缺乏智慧或"悟性"的头脑中、知识很可能是无序的,智慧高的头脑中的知识可能是有序排列的,而且像"魔方"一样会灵活地运用,缺乏的知识他也会有的放矢地抓回来。所以知识的多少,不等于智慧和创造力就有多少,书不能读"死",要用,不会用就要学着用,这样智慧和技能就会增进。

在锻炼和造就有自我特色的科学思维方法当中,最重要的是亲身实践,独立思考,亲自完成对问题的解析,自行设计实验方案并操作完成实验,自我探究、总结,得出结论。对问题探究成功了,应及时进行总结和提高,失败了也应及时分析、查找原因,改进探究方法。只有这样,才能够在探究的过程中学习和掌握科学方法,确立科学的思维方式,提高自身的科学素养。

科学方法和思维能力的形成是一个过程,一旦掌握将终生难忘并受益。书本和课堂知识如果在工作、生活中用不上,会随着时间的流逝而遗忘;但一个系统的解决问题的科学方法和技巧,将不断被使用、扩充而终生受用。

三、PDCA 循环工作法

PDCA 循环又叫戴明循环,是美国质量管理专家戴明博士首先提出的,最早用于企业质量管理过程,是质量管理所应遵循的科学程序。PDCA 是英语单词 Plan(计划)、Do(执行)、Check(检查)和 Action(处理)的第一个字母,PDCA 循环就是按照这样的顺序进行质量管理,并且循环不止地进行下去的科学程序。这一工作方法是符合哲学上"认识—实践—再认识—再实践"的认识论公式的,因而可以推而广之,成为从事一切工作的一种指导性方法。

在研究工作中，首先要提出目标，即解决什么样的问题，解决到什么程度就要有个计划；这个计划不仅包括目标，而且也包括实现这个目标需要采取的措施；计划制定之后，就要严格按照计划实施之，这就是执行（Do）；实施一段时间后，要对照目标进行检查，看是否实现了预期效果，有没有达到预期的目标，通过检查找出问题和原因；最后就要进行处理，对于经验，应使之标准化，形成制度；对于教训，应提交给下一个 PDCA 循环解决。PDCA 循环的 4 个阶段可以细分为 8 个步骤，如图 2-2 和图 2-3 所示。

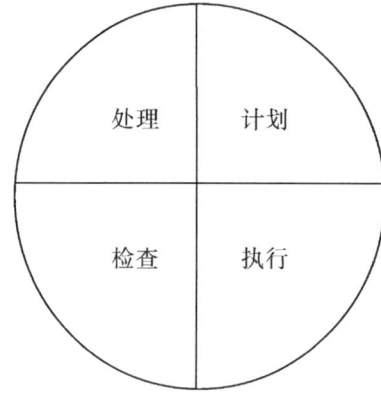

图 2-2　PDCA 循环的 4 个阶段

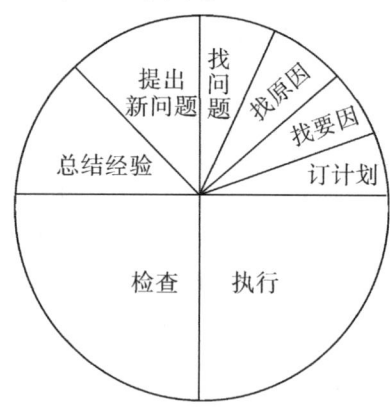

图 2-3　PDCA 循环的 8 个步骤

复习思考题

1. 什么是科学方法论？
2. 如何正确理解归纳与演绎在思维方法中的相辅相成作用？
3. 简述系统论、控制论和信息论的关系。
4. 在科学研究过程中，举例说明假设与验证的过程。
5. 多元智能理论与传统的智商理论的主要区别是什么？
6. 结合自身学习和研究历程，谈谈如何提高自身科学素养。

参考文献

1. 闲云. 科学、宗教与神学. 世界哲学，2006（2）：104~111
2. 陈其荣. 科学与技术认识论、方法论的当代比较. 上海大学学报（社会科学版），2007，14（6）：5~13

3. 许玉梅. 谈解决问题的科学方法的培养. 高等函授学报, 2005, 19 (2): 196~197
4. 唐群生. 经济学研究方法与自然科学方法. 西江大学学报, 1999 (4): 15~19
5. 张立成, 徐英瑾. 论杜威的经验探究方法对研究人文科学的指导作用. 自然辩证法研究, 2006, 22 (2): 41~44
6. 吴兆雪, 江宏春. 论自然科学方法在哲学社会科学研究中的运用. 自然辩证法研究, 2004, 20 (3): 86~89
7. 王汝宽. 生命科学研究理念和方法学革命及其影响. 医学研究杂志, 2006, 35 (1): 4~11
8. 文小勇. 复杂性科学方法论: 21世纪的哲学革命. 重庆社会科学, 2006 (4): 46~50
9. 牛占文, 徐燕申, 林岳等. 发明创造的科学方法论—TRIZ. 中国机械工程, 1999, 10 (1): 84~89
10. 张慧. 命运的螺旋带来的启示. 山西大学学报（哲学社会科学版）, 2005, 28 (2): 15~18
11. 张巍, 维思. 周期科学方法论探析. 理论与改革, 1999 (5): 20~23
12. 顾中言. 影响杀虫剂药效的因素与科学使用杀虫剂的原理和方法. 江苏农业科学, 2005 (4): 46~49
13. 马云鹏. 教育科学研究方法导论. 长春: 东北师范大学出版社, 2002
14. 李春萍. 教育研究方法. 长春: 东北师范大学出版社, 2001
15. 欧阳康、张明仓. 社会科学研究方法. 北京: 高等教育出版社, 2001
16. 张培林, 丁新瑞, 高金声. 科学研究的方法. 北京: 科学出版社, 2002
17. (英) 伊姆雷·拉卡托斯. 科学研究纲领方法论. 上海: 上海译文出版社, 2005

第三章 自然科学研究

[**本章提要**] 自然科学的发展改变了人类社会和人类的生活,推进了生产的发展,自然科学研究是现代社会必须具备的结构之一。本章主要介绍了进行自然科学研究时常用的实验方法、数学模型方法,科学研究中的仪器、技术及其作用;较详细地论述了自然科学研究中的测量、物质提取、物质的分离、测试分析、成像分析、计算机与空间、3S技术及其他生物技术与手段。

自然科学是人类生产实践和科学实践经验的概括和总结,是人类征服自然的知识结晶,是关于自然界各种事物和现象的性质及其发展规律的科学,是系统化了的自然知识体系。自然科学研究的任务包括两方面的内容,一是基础理论研究,即对未知的自然领域进行探索,以揭示和掌握自然界各种事物的本质和运行变化规律;二是应用研究,即研究如何将科学研究的成果转化为生产力和物质产品。为了有效地实施自然科学的研究工作,科技工作者在研究中总要采用一定的方法,方法的选择和应用是否适当,是决定研究工作是否有效的一项关键性因素。

第一节 自然科学研究中的常用方法

科学的研究方法不是自古以来就有,也不会永远不变,是人类长期观察和认识自然及自然科学实践的创造,并随着科学技术研究实践的发展而发展和变革。科学技术和手段的发展,科学的观察内容、范围和作用大不相同。正确的研究方法,不仅有助于自然科学技术的发展,并且对于研究人员才能的发挥,也有着重要作用。如,观察方法已从古代的感官观察发展到了现代的仪器观察。

根据研究方法的适用范围、概括程度可将其划分为三个层次。适用于一切科学的最普遍的研究方法,即哲学方法;适用于各门自然科学中的一般研究方法;适用于某一门或某几门自然科学的特殊研究方法(参见图2-1)。本章主要介绍适用于各门自然科学中的一般研究方法。

一、实验方法

科学实验、生产实践和社会实践并称为人类的三大实践活动。实践不仅是理论的源泉，而且也是检验理论正确与否的唯一标准，科学实验就是自然科学理论的源泉和检验标准。特别是现代自然科学研究的任何新发现、新发明、新理论的提出都必须以能够重现的实验结果为依据。

实验方法是人们根据一定的研究任务和目的，利用一定的仪器设备及其他物资手段，在典型的环境中或特定的条件下，主动控制或干涉研究对象，舍弃或排除次要因素和无关因素的影响，选取或突出主要因素，探索事物或现象的性质和规律的一种特殊的研究方法。实验方法是现代重要的科学技术研究方法，并已成为一项独立的社会实践活动。

（一）实验方法的特点

大量的、新的、精确的和系统的科研资料常来自实验，实验方法是获取第一手科研资料的重要来源，也是推动自然科学技术发展的手段，是自然科学技术的生命。实验方法的特点如下。

可重复性 可重复性是实验有别于自然过程的特点之一。在实验室中，可以对在自然条件下难于反复出现的现象及实验结果进行多次反复再现。如 1974 年 10 月，由丁肇中领导的实验小组在美国布鲁海文国立实验室发现了 J/ψ 粒子，里希特等人在美国斯坦福直线加速器中心实验室几乎同时也确认了 J/ψ 粒子的存在；在他们宣布了发现 J/ψ 粒子后，欧洲核子研究中心实验室在同年 10 月 15 日立即重复了这个实验、也找到了 J/ψ 粒子，因而这一发现得到了世界公认，丁肇中和里希特共同获得 1976 年诺贝尔物理学奖。

可控性 实验的可控性使研究者能够根据研究目的控制影响实验的相关因素，采取可简化、纯化、强化某因素的实验方法，从而能更有效地确定某因素的影响及规律。例如，在真空中所做的自由落体实验，羽毛与铁块同时落下，其中就排除了空气阻力的干扰，从而使研究对象大大的简化。有些自然事物或现象的发生、发展和转化过程比较短暂，有的甚至可以说是转瞬即逝；而有则很缓慢、或相当漫长，为使研究顺利进行，人们可使用实验方法主动控制研究对象及其发展变化进程。如，闪电生成氨基酸的过程，实验只用了 8 天，但这一自然现象的自然过程中可能需要许多年。

科学实验可以凭借人类已经掌握的各种技术手段，创造出地球自然条件下不存在的各种极端条件进行实验。如人类可借助超高温、超高压、超低温、强磁场、超真空等实验，探索物质变化的特殊规律、制备特殊材料、探究特殊的化学反应。

灵活性　科学实验具有灵活性，人们可以选取典型材料进行实验和研究，提高实验和研究的效果。如选取超纯材料、超微粒（纳米）材料进行实验，生物学中用果蝇的染色体研究遗传问题等，同样均体现了科学实验的灵活性。

验证与发现　通过实验可以验证预言，从而证实理论。1916年爱因斯坦在提出广义相对论时也提出了两个重要预言，即时间和空间会因大质量物体的存在而发生扭曲。1976年6月18日，美国航空航天局的引力探测A卫星发射升空，进入10 000 km高的轨道，该卫星携带一台超精密的原子钟在大西洋上空飞行了116 min。与此同时，另一台一模一样，经过校准的原子钟也在地面上运行着。实验结果正如相对论预言的那样，卫星所携带的原子钟与地面的原子钟在运行速度上存在差异，也就是说引力影响了时间的快慢，这一实验验证了广义相对论所预言的时间扭曲现象。

实验方法是探索自然奥秘的必要手段，运用实验方法做出科学发现的例子很多。例如，1898年居里夫人在实验中发现了镭的放射性，1895年伦琴在实验中发现了X射线。

（二）实验方法的种类

按照实验的直接目的和在整个认识中的作用，可将其分为探索性实验和验证性实验；按照实验中质和量的关系，可区分为定性实验和定量实验；按照实验在具体认识中的作用，可分为结构及成分分析实验、对照比较实验、相对比较实验、析因实验、判决性实验。

探索性实验　即探索自然规律与创造发明或发现新东西的实验，这类实验往往是前人或他人从未做过，或还未完成的研究工作所进行的实验。

验证性实验　为学习和掌握已有的自然科学技术知识，通过一定的仪器设备等物质条件，验证已有的自然知识和技术，加深理解和掌握。

定性实验　判定研究对象是否具有某种成分、性质或性能；是否存在某种结构；某物质的功效、技术经济水平是否达到一定等级的实验；定性实验多用于某项探索性实验的初期阶段，是定量实验的基础。一般说来，定性实验要判定的是"有"或"没有"、"是"或"不是"，实验结果将确认研究对象的本质和特性、与其他事物之间的联系等知识。

定量实验 研究事物的数量关系的实验。这种实验侧重于研究事物的数值，并求出某些因素之间的数量关系，甚至要给出相应的计算公式。这种实验主要是采用物理测量方法进行，可以说测量是定量实验的重要环节。定量实验一般为定性实验的后续，是为了对事物性质进行深入研究所应该采取的手段；事物的变化总是遵循由量变到质变，定量实验也往往用于寻找由量变到质变的关键点。我国数千年的传统中药，因其药效及有效成分未能达到定量研究的程度而发展迟缓，世界各主要国家都在对中国的中药进行定量分析研究，某些中药已被他国制成精品并拥有专利权向我国倾销，这充分体现了定量研究的重要意义。

结构及成分分析实验 它是测定物质的化学组分或化合物的原子或原子团的空间结构的一种实验。成分分析实验在医学上也经常采用，如血、尿、大便的常规化验分析和特种化验分析等；而结构分析则常用于有机物的同分异构现象的分析等，但工科等的结构分析实验则与此不同。

对照比较实验 指将所要研究的对象分成两个或两个以上的相似组群。其中一个组群的结果已经确定，是另一组群的参照系及结果的比较标准，称为"对照组"；另一组群是未知其奥秘的事物，是实验的研究对象，称为实验组；这样可通过一定的实验方法、步骤、检测等，判定研究对象是否具有某种性质。这类实验在生物学和医学研究中经常采用，如实验某种新的医疗方案或药物及营养品的作用等。

相对比较实验 是为了寻求两种或两种以上研究对象之间的异同、特性等而设计的实验。即同时进行两种或两种以上的实验单元，并对实验结果进行相对比较。这种方法在农作物杂交育种过程中经常采用，可通过对比、选择出优良品种。

析因实验 指为了由已知的结果去寻求其产生结果的原因而设计和进行的实验。这种实验的目的是由"果"索"因"，若"果"可能由多因引起，一般用排除法一个一个地排除或确定"因"；如若"果"可能为双"因"，则可以用比较实验去确定。

判决性实验 指为验证科学假设、科学理论和设计方案等是否正确而设计的一种实验，其目的在于作出最后判决。如真空中的自由落体实验就是对亚里士多德错误的落体原理（重物体比轻物体下落得快）的判决性实验。

（三）实验设计

科学实验对研究和生产实践具有重要意义，为保证实验结果的准确性和可靠性，必须在实验之前对实验任务、原理方案、实验步骤、实验仪器设备、实验数据采集、实验结果分析和处理方法等进行科学的、精心周密的整体构思、规划和确定。这就是实验设计问题。

1. 实验的基本要素

实验者 实验者是认识和实验的主体，科学实验就是实验者针对研究对象采用一定的实验手段进行的一系列操作活动，实验者的素质、素养和知识对实验具有重大影响和作用。

实验手段 实验手段主要指工具、仪器和实验装置。实验手段有两个基本功能，一是控制和干预实验对象，使研究对象的本质和特性产生或显现；二是使实验结果能准确及时地记录下来。实验手段固然很重要，但实验者能否熟练、创造性地使用和研制实验手段更重要。

实验研究对象 实验对象包括物质、精神及其运动。在实验中是否能恰当地选择和使用实验研究对象，对实验结果至关重要。

总之，在实验中，实验者是主体、是最积极的因素，实验手段和实验研究对象则属于实验中的客观内容，同样的客观内容、不同水平的实验主体其结果很可能不一样。

2. 实验的一般程序

实验程序因实验的类型、性质和目的不同而异，也因实验者的设计水平而不同；实验设计要求设计者不仅要掌握实验对象涉及的专业知识，而且要对实验测量技术、数理统计的相关知识，甚至实验仪器的性能有所了解。基本程序包括准备、实施、总结和分析等阶段。

准备阶段 在准备阶段，实验者首先要明确所设计的任务，然后根据实验任务选择实验对象、拟定实验方案、设计实验过程、组织实验人员和准备实验材料等。

实施阶段 实验者操作特定实验仪器或设备，使其作用于实验对象，以取得某种实验效应和数据的过程。实验者在该阶段首先应熟悉实验的操作过程，并注意改进操作技术、及时记录结果。

总结阶段 对实验获得的各种数据进行处理和分析，并对实验中所获资料等进行科学抽象、理论分析和评价。在这个阶段，实验者应注意原始数据所显示的研究对象的规律、本质等。

在自然科学研究中，实验方法的重要性和必要性是不容置疑的，但并不是所有的研究领域都可以进行实验，尤其是在许多高级复杂现象的研究中，实验方法受到许多条件的限制。如，对于人体的研究这种限制更明显，许多人体实验（如药剂、遗传等）只能使用替代动物才能进行。

二、数学模型方法

数学方法是各门自然科学都需要的一种研究方法,尤其在当今世界科学技术飞速发展的时代,计算机已得到广泛应用,许多过去无法进行定量研究和分析的问题,现在一般都可以通过数学建模而进行。如,气象工作者根据气象站、气象卫星汇集的气压、雨量、风速等资料建立数学模型,从而得到准确的天气预报;电气工程师需要对所要控制的生产过程建立数学模型,用模型对控制装置作出相应的设计和计算,才能实现有效的过程控制。

1. 数学方法在科学中的作用

数学作为一门研究事物的空间形式和数量关系之普遍规律的科学,是其他一切科学研究工作不可缺少的方法和工具,数学方法为多门科学研究提供了简明精确的定量分析和理论计算方法。

定量分析和理论计算方法 数学语言是最简明和最精确的形式化语言,只有这种语言才能给出定量分析的理论和计算方法,通过理论计算给出的信息,可为人们提供某种预测和预言。这种预示性的信息,既可能带来某种发现、发明和创造,也可能导致极大的经济和社会效益。

推理、辩证思维方法 数学方法为多门科学研究提供逻辑推理、辩证思维和抽象思维的方法。数学之所以能成为自然科学研究的可靠工具,因为它的理论体系经过了严密的逻辑推证,数学本身也为科学研究提供了众多逻辑推理方法。同时,数学也是一种辩证思维和抽象思维的语言,也同样为科学研究提供了辩证思维和抽象思维的方法。

数学模型方法 数学方法具有逻辑性和可靠性、抽象性和形式化、严密性和精确化、普适性和广泛性的特点。在科学研究中成功地运用数学方法的关键,在于针对所要提出的问题提炼出一个合适的数学模型,模型是对实际系统、思想或客体的抽象与描述。建立数学模型就是在客观世界的现实系统和数学符号系统之间建立一种对应关系,也就是在具体的科学技术和纯数学之间搭起桥梁。

按照数学模型的应用领域,其类型如人口模型、交通模型、生态模型等;按模型中的变量情况又可将其区分为连续性模型和离散性模型;按照模型的表现特性可分为确定性数学模型、随机性数学模型、模糊性数学模型、突变性数学模型;按照建立模型的数学方法可区分为如初等模型、几何模型、微分方程模型、数学规划模型等;按照建立模型的目的区分,如描述模型、预报模型、优化模型、决策模型和控制模型等;按照对模型结构的了解程度可区分为白箱模型、灰箱模型、黑箱模型。

2. 数学建模的要求与步骤

建立数学模型的方法大体上可分为机理分析方法和测试分析方法两类，用哪一类方法建模主要取决于对研究对象的了解程度和建模目的。机理分析是在对现实对象特性的认识、分析其因果关系的基础上，找出反映内部机理的规律，建立常有明确的物理或现实意义的模型。测试分析则将研究对象视为一个"黑箱"系统，内部机理无法直接寻求，可以测量系统的输入输出数据，并以此为基础运用统计分析方法，按照事先确定的准则在某一类模型中选出一个与数据拟合得最好的模型（也称系统辨识法）。将这两种方法结合起来也是常用的建模方法，即用机理分析建立模型的结构，用系统辨识确定模型的参数。系统辨识是一门专门学科，需要一定的控制理论和随机过程方面的知识。建模要经过哪些步骤，并没有一定的模式，其步骤常与实际问题的性质、建模的目的等有关。

建模的一般要求 所有模型都应该满足下述要求：①足够的精度，简单而便于处理，依据要充分，尽量借鉴标准形式，模型所表示的系统要能操纵和控制，便于检验和修改。②建模过程是一种创造性思维过程，除了要有广博的知识和足够的经验外，特别需要丰富的想象力和敏锐的洞察力。③数学建模与计算机技术的关系密不可分，如新型飞机设计的数据处理等数学模型的求解离不开巨型计算机，微型电脑的普及更使数学建模逐步进入人们的日常活动，计算机所需的"思维"能力只有借助于数学模型才能表现出来。

建模准备 了解问题背景、明确目的、分析特征、选定方法。

模型假设 研究者的综合能力、想象力、洞察力及经验等在模型假设中有重要作用，应根据对象的特征和建模目的，抓住问题的本质，忽略次要因素，做出必要的、合理的简化假设。模型假设的依据一是出于对问题内在规律的认识，二是来自对现象、数据的分析。

模型建立 根据所作的假设，用数学的语言、符号描述对象的内在规律，建立包含常量、变量等的数学模型。

模型求解与模型分析 对求解结果进行数学上的分析，如结果的误差分析、统计分析、模型对数据的灵敏性分析等。

模型检验 将求解和分析结果与实际现象和数据进行比较，检验模型的合理性和适用性，如结果与假设不符，应该修改、补充假设，重新建模。

模型的应用 建立数学模型的目的就是为了解释、解决实际问题，在模型建立并经过检验后，应用根据最初要解决的性质、建模的目的使用。

并不是所有建模过程都要经过这些步骤，有时各步骤之间的界限也不那么分明，建模时不应拘泥于形式。建模过程的完成是从现实对象到数学模型，再从数学模型回到现实对象的循环。这一循环也揭示了现实对象和数学模型的关系，数学模型源于现实又高于现实，是将现象加以归纳、抽象的产物；只有当数学模型的结果经受住现实对象的检验时，才可以用来指导实际，完成实践—理论—实践这一循环。

此外，建模过程是一种创造性思维过程，除了想象、洞察、判断之外，直觉和灵感有时也有不可忽视的作用。当由于各种原因不能完成建模时，可以利用具有丰富的背景知识，对问题进行反复思考和艰苦探索，宏观地认识对象找到合适的建模方式。建模也是一门"艺术"，这种"艺术"既需要大量的观摩和学习，更需要亲身的实践。要真正的掌握建模这门"艺术"并培养想象力和洞察力，需要大量阅读、思考别人做过的模型，也要亲自动手。

3. 数学模型的特点

建模是利用数学工具解决实际问题的重要手段，数学模型有许多优点，但也有弱点。建模者需要相当丰富的知识、经验和各方面的能力，同时也应注意数学模型的特点。

逼真性和可行性 人们总是希望模型尽可能逼近研究对象，但逼真的数学模型常是难于处理实际问题的，即实用性较差，不容易用所建立的模型对现实问题进行分析、预报、决策或者控制。另外，越逼真的模型常很复杂，应用时难度也较大，所以建模时往往需要在模型的逼真性和可行性之间作出折衷和选择。

渐进性 对复杂的实际问题建模时不可能一次成功，这样就要经过多次反复、循序渐进，最后获得较满意的模型。在科学发展过程中随着人们认识和实践能力的提高，各门学科中的数学模型也存在着不断完善或者推陈出新的过程，20世纪爱因斯坦相对论模型的建立，就是模型渐进性的例证。

强健性 模型的结构和参数多由对象的信息，如观测数据所确定，而观测数据总存在误差。因而模型的强健性就在于，当模型假设改变时，可以导出模型结构的相应变化；当观测数据有微小变化时，模型参数也只有相应的微小变化。

可转移性 模型是现实对象抽象化、理想化的产物，不局限于对象的所属领域，可以转移到另外的领域。在生态、经济、社会等领域内建模，就常借用物理领域中的模型。

非预制性 实际问题各种各样、变化万千，任何具体问题几乎没有一个

模型的预制品可供使用，新模型的建立过程甚至也会伴随着新的数学方法或数学概念的产生。

条理性 利用建模及在模型的角度考虑问题，可以促使人们对现实对象的分析更全面、更深入、更具条理性，这样即使建立的模型未达到实用的程度，对研究和解决问题也很有益。

技艺性 建模方法与其数学方法，如方程解法、规划解法等是不同的，无法归纳出普遍适用的建模准则和技巧。建模是一种"艺术"，技巧、经验、想象力、洞察力、判断力以及直觉、灵感等，在建模过程中所起的作用可能要比具体的数学知识作用更大。

局限性 局限性主要是：①由数学模型得到的结论虽然具有通用性和精确性，但是因为模型是现实对象简化、理想化的产物，一旦将模型的结论应用于实际问题就回到了现实世界，那些被忽视、简化的因素可能影响模型的精确性。②由于有些实际问题很难得到有着实用价值的数学模型，如内部机理复杂、影响因素众多、技艺性较强的生产过程，则需要专家系统与数学模型相结合才能获得较满意的应用效果。但现在的专家系统是一种计算机软件系统，它总结了专家的知识和经验，建立若干规则和推理途径，可以定性地分析各种实际现象并做出判断。③还有些领域中的问题尚未发展到用建模方法寻求数量规律的阶段，如中医诊断过程，目前所谓计算机辅助诊断也只是总结了著名中医的丰富临床经验的专家系统。

第二节　科学研究中的仪器与技术

现代自然科学研究除人的科学素养以外，在一定程度上是试验仪器和设备档次的比较和较量。能够针对所研究的问题及研究方法，选择和使用尽可能先进的仪器、设备、分析手段（如分析程序），就能够得到更加科学、可靠的结果和结论。

一、研究试验仪器的重要性

科学仪器是我们进行科学探索和认识世界的重要手段，现代科技的发展对科学仪器的依赖程度更高。20世纪世界经济和社会发展过程中的无数事实所证明，有27项诺贝尔奖项直接与科学仪器创新有关，历史上已有许多重要仪器的科研成果带来了生产力水平的飞跃。

（一）仪器的重要作用

仪器是一种获得信息的工具，在科学研究中有无可替代的作用；在生产、科研、环境、社会等领域中，没有仪器也难以获取全方位的信息。钱学森认为，新技术革命的关键技术是信息技术，信息技术由测量技术、计算机技术、通讯技术三部分组成，测量技术则是关键和基础。信息技术只是计算机技术和通讯技术，关键性的基础测量技术却常被人们忽视了，所以仪器技术是信息的源头技术，仪器工业是信息工业的重要组成部分，具有多学科综合的特点。仪器的主要作用如下。

促进生产的主流环节　仪器及检测技术已成为促进当代生产的主流环节，仪器整体发展水平是国家综合国力的重要标志之一。目前，仪器及检测技术广泛应用于炼油、化工、冶金、电力、电子、轻工、纺织等行业。

知识和技术创新的前提　先进的科学仪器设备既是知识创新和技术创新的前提，也是创新研究的主体内容之一，是创新成就的重要体现形式。科学仪器是从事科学研究的物质手段，仪器的发展代表着科技的前沿，是科学发展的支柱。

仪器是信息的源头技术　世界正在从工业化时代进入信息化和知识经济时代。仪器的功能在于用物理、化学或生物的方法，获取被检测对象运动或变化的信息，通过信息转换的处理，使其成为人们易于表达和识别的量化形式，以利观测、入库存档，或直接进入自动化、智能运转控制系统。

科学研究的工具　科学研究中所使用各种仪器均是必需的工具，但在仪器的使用上应注意 5 点。①切合研究要求；实验仪器、设备、分析手段的选用要切合实际，与研究内容的要求、方法相配套。②明了性能、自我操作；使用者要明了所选用仪器的性能、运行方式，可以根据实际需要对仪器的运行状态进行调整。③了解原理；对数据分析、测算仪器，要了解其分析和测算原理，这样对于分析、归纳和综合试验结果更为有利。④使用成本；所选择的仪器或设备的运行成本也应该被考虑。⑤仪器的自制和改造；对真正有经验的研究者，还应该考虑尽可能多地使用自制仪器、设备、药品，或者对原有的设备进行改造，使其更加符合研究的要求。

（二）国内外发展现状

由于仪器技术在国民经济和科学研究中具有重要作用，其发展速度很快。以显微镜发展为例，光学显微镜的出现使人们发现了被称为 19 世纪"三大发现"之一的生物细胞，人类对自然界的认识实现了一次飞跃。然而，由于受到可见光波长的限制,光学显微镜的分辨极限约为 0.2 μm。于 1932~1933 年诞生的透射电子显微镜,其分辨能力小于 0.1 μm,可分辨单个原子,可对线度为纳米量级的原子团进行结构及化学成分分析,并能直接观察、进而分析研究物质微观结构与其宏观性质(功能)之间的关系。1935 年提出了扫描电子显微镜的工作原理,其优点是可直接观察固体表面,成像富有立体感,1965 年该电镜就商品化了。

随着技术的不断推进,20 世纪 80 年代初,一种全新的表面分析仪器——扫描隧道显微镜(Scanning tunneling microscope—STM)诞生了,其横向分辨能力高达 0.1 μm、纵向达 0.01 μm。可以直接观察大气、真空,甚至液体中处于自然状态下的样品,这一仪器在表面科学、材料科学与生命科学等领域获得广泛应用。

1. 科学仪器发展的趋势与特点

现代科学仪器是基于多学科的高科技产物,其主要特色在于微型化、自动化和智能化,灵敏度要求愈来愈高,仿生化和进一步智能化,由通用型向专用型转化,各种联用技术层出不穷。

系统化和全局化 科学仪器的发展趋向于系统化和全局化。科学仪器已不仅只是为物理学、化学、生物学等为获取实验数据或验证理论推想的手段,而且对全球高科技、经济和社会发展起着不可缺少的甚至是决定性的作用。

集成化 科学仪器是现代高科技的集成。传统"光机电一体化"已远远不能概括现代科学仪器的知识和技术范畴,现代物理学、化学、生物学、材料科学的最新成果,如分子、量子技术、基因技术、超导技术、纳米材料、微机械、网络技术等都已成为现代新型科学仪器的构成元素,并正在加速改变科学仪器的原理、设计工艺和应用。

精深化 科学仪器已向高精尖、成套化、网络化方向发展,也向小型化、专用化、家庭化、个人化的方向发展。科学仪器研究尺度已深入到微、纳米尺度,研究对象和过程已从静态转入动态。

性能软件化 性能的软件化是科学仪器不可缺少的最重要的组成部分,科学仪器的硬件、软件界限已经模糊,由精密机械零件加工精度、电子器件和电路质量决定仪器水平和质量的时代已经过去,仪器软件已成为仪器总体设计的主要因素。软件提高了仪器的指标,实现自动测试与检测、自诊断与自愈、数据传输与显示等功能。

应用多样化 科学仪器的应用领域不断扩展,在非传统应用领域的发展日趋明显,除了在传统的化学分析、物理检测、机械测量、天文地理观测、工业生产流程监控、产品质量控制的应用以外，在生物分子学、临床医学、药物环境、信息安全、网络管理等领域中，科学仪器的应用愈来愈显示出其生命力与重要性。

2. 科学仪器设计的发展趋势与特点

由于以信息技术为代表的高新科学技术的突飞猛进，使科学仪器的工作原理、设计思想、设计方法发生着明显的变化，其主要表现如下。

仪器网络化技术　以信息、网络思想指导科学仪器的设计和应用，将构成科学仪器的传感、数据采集处理、传输、控制等功能在网络上实施，这种网络化仪器可更方便地实现模块化、虚拟化。

虚拟仪器技术　在必要的模块化硬件的基础上，结合专用软件系统，可使虚拟仪器既有一种或几种类型科学仪器的基本功能，也可根据使用要求重新定义、匹配、组合而建立新功能的仪器，使仪器灵活多变、功能更强、使用方便，便于升级和降低成本。

科学仪器的微小型化、固态化　探索全新分析测控机理，采用最新技术，使科学仪器微小型化、轻量化和耐恶劣条件，做到长寿命、无故障，以满足生物医学、生态环境、航天航空、军事、科研的需要。

现代科学的进步越来越依靠尖端仪器的发展，仪器仪表在当今社会有不可替代的作用和地位。但仪器不是机器，仪器是认识和改造物质世界的工具，而机器只能改造却不能认识物质世界。仪器仪表是工业生产"倍增器"、科学研究的"先行官"、军事上的"战斗力"和社会生活中的"物化法官"。科学技术是第一生产力，而现代仪器设备则是第一生产力的三大要素之一。

二、科学研究技术的重要性

科学与技术既有联系又有区别，科学是人类认识和改造世界、正确反映客观世界的现象、内部结构和运动规律的理论知识，科学提供了认识世界和改造世界的世界观、方法和处世的科学精神。技术是完成生产和实践中实际任务所使用的策略和技巧。科学技术则是在科学理论指导下解决科学实践问题的系统方法，也是从科学实践经验中总结出的能够直接指导生产的生产力，包括科学研究与生产实践过程中的设计、装备、方法、规范、管理等知识与技能。科学产生技术，技术推动科学，这两者互相促进、有着非常密切的关系。科学与技术是辩证统一的整体，科学中有技术，技术中也有科学。

社会作用　①由于科学技术在社会生产及其他领域中的广泛应用，人类在自然界面前获得了空前的主动地位，对人类社会、生产、经济、军事等实践活动，及改造自然有巨大而深远的积极影响。②科技成果应用不当，会异化为一种破坏人类生活，违背人的本意，制约人压迫人的"异己"力量；掌握科学技术者会不会逐步集中形成左右社会与经济发展的技术阶级？科技的进步会不会导致产生高技术和隐蔽犯罪，人类的传统形象、价值和社会伦理观念是不是会被改变，科技进步会不会削弱社会的凝聚力等这样一些全球性问题不能不引起人们的关注。

生产作用　①生产力的基本要素是生产资料、劳动对象和劳动者。其中生产资料必须与相应的科学技术相结合，劳动者必须掌握有一定的科学技术知识。现代科学技术改变了生产力中的劳动者、劳动工具、劳动对象和管理水平，提高了人们认识自然、改造和保护自然的劳动能力，科学技术已成为推动现代生产力发展中的重要因素和重要力量。②生产力发展和经济增长已从主要靠劳动力、资本和自然资源的投入，转变到了主要靠科学和技术力量的知识经济时代，科学技术已经成为了现代生产力发展和经济增长的第一要素。③19世纪之前，生产、科学、技术三者的关系为生产的发展推动技术进步，进而推动科学的发展；人们在生产经验积累的基础上摸索出技术和发明，然后才上升为科学理论。19世纪末以电力技术革命为标志的第二次技术革命，既推动了科学技术的进步，也推动了生产的发展，使生产、科学、技术三者的关系转变为科学推动技术和科学的发展，进而推动生产的发展；科学技术走在了社会生产发展的前面，开辟着生产发展的新领域，引导生产力发展的方向。

科学与技术的关系　①科学的技术化。科学的发展依赖于技术手段的突破，科学突破建立在技术手段先行发展的基础之上；没有高能粒子加速器，就不可能有20世纪60年代以来发现的大批粒子，粒子物理学的迅速发展也就不可能成为现实；科学理论的深入发展不仅依赖于技术手段的发展，在很大程度上还受制于技术手段的发展水平。②技术的科学化。新技术的发展包含科学的成分，科学成果渗透和影响的技术发展，是技术发展的理论基础，半导体技术是固体物理学发展的结果，超导技术、基因重组技术以及人工智能技术等都是相应的基础科学发展的结果。③科学技术一体化。现代科学与技术两者之间的界限常很模糊，两者在很大程度上已经融为一体，许多科学研究活动已经很难区别出哪一部分是属于科学研究，哪一部分是属于技术研究。

科学研究作用　进行任何科学研究，解决所有的实际问题都涉及技术，使用的技术不同，解决问题或进行研究的过程，花费的时间和代价，得到的结果可能都是不同的。技术对科学研究的作用表现如下：①影响研究方案的设计。使用巧妙的技术可以简化研究方案，否则研究方案可能被复杂化、累赘化。所以在选择研究技术时，要尽量使用科学的方法对其进行对比和分析，使用符合自有条件的、科学的、最优技术。②延长或缩短研究过程。有的研究技术看起来比较简单，但运行所需要的时间长；有的看起来复杂，而运行期限较短。在选择研究技术时，应当仔细审核其运行所需要的时间。另外，对生物科学研究者讲，还要注意研究技术使用的季节性。③降低或增加研究代价。即在考虑使用的研究技术时，必须考虑其中每个环节（样品、药品、分析、运转）的成本，因为每个科学研究项目、实际问题的解决，都存在效益这个现实问题。如果要花费 100 元去解决价值不到 1 元的问题，显然是没有价值的。④影响结果的精确性。在选择研究技术时，还要充分考虑对研究结果精确和准确程度的要求。⑤影响研究者科学思维能力的锻炼程度。有的研究技术具有稳定的既定模式，使用者按照其操作步骤和方法去做，就可以获得所需要的结果，但使用者在这样的技术运行过程中只相当于"打字员"；有的研究技术则需要使用者根据实际情况，按照其运行的原理，对技术程序或其中的部分进行调整，这样使用者就能够在使用该技术的同时得到相应的技能锻炼。⑥技术的设计。对于一个选定的问题、研究内容，要进行解决或研究，必须有一定的技术，这些技术前人可能已经有过多种设计。但你不可能一个个地去试，然后确定出符合你所在环境的最好技术和研究方案。最好的筛选办法如下：对已有的研究技术的细节进行仔细的分析、比较——明白每套技术的原理、运行条件、操作程序、运行的时间、结果的可靠性——根据需要和具备的条件，对前人的技术进行重新装配——初试所改进技术的运行状态、运行程序、可靠性，并进行调整——完成技术设计——开始试验或研究。

第三节　自然科学研究技术

研究方法是完成研究任务达到研究目标的程序、途径、技术、手段或操作规则，研究方法要服从于研究目的。任何科学研究除了要应用哲学方法和一般科学方法之外，都要有具体的研究方法和技术手段，科学研究技术和手段体现研究的水平，选用研究技术手段时不能凭感觉，应从研究对象和材料出发，在综合分析的基础上进行抉择。

一、测量技术

测量技术是科学研究中的技术手段之一，包括天文、温度、距离、三维、时间与质量等测量技术,其发展现状如下。

1. 天文观测技术

在望远镜发明之前,人们用量角器进行目视观测,人类的天文视野仅限于肉眼所及的约 7 000 颗恒星,主要研究的是太阳、月亮和五颗行星的运行。1609 年伽利略研制并使用了观测天体的望远镜,使天文观测产生了划时代的飞跃。天体力学的诞生加上天文望远镜的发明和使用,使天文学从单纯的描述天体位置的几何关系,进入到研究天体间力的作用阶段,但这个阶段天体物理学运用的主要设备是望远镜、摄谱仪和光度计。

19 世纪以来射电望远镜和大气外探器的相继研制成功,使天文观测领域扩展到了整个电磁波波段,人类的视野扩展到银河系以外无边无际的空间。目前的光学和射电望远镜可以测出相距几亿至上百亿光年的天文目标,其分辨能力可辨别出 300 公里以外的一根头发丝。

2. 温度测量技术

最常用的测温仪器是各种灵敏度不同的温度计,精确的温度测量包括接触测温和非接触测温,两种测温技术和仪器有很大的差别。①接触测温使用传感器与被测对象相接触的方式测量,测量较为准确,实现容易、使用灵活,缺点是只能测量点温,测温元件容易在高温下受损,且会干扰测试区的温度场。接触测温中最典型的是热电偶法,热电偶是用两种不同导体(或半导体)组成的闭合回路,两端接点分别处于不同温度环境中,在接触处会形成热电势,通过对热电势进行标定后可用来测量温度。②非接触测量中测温元件不与被测物接触,其传热惯性小,不会破坏被测物的温度场和造成感温元件的损耗,若将该方法与图像处理技术相结合,能实现二维和三维温度场的快速实时测量,全面、形象地反映焊接温度场的变化规律。非接触测温方法有辐射测温法和光学干涉测量法,辐射法技术较为成熟、抗干扰能力好、使用广泛,主要有亮度温度法、比色温度法、红外测温法、光谱法等。前 3 种方法主要用于 4 000 K 以下温度的测量,光谱法主要用于 4 000 K 以上等离子体的测温,如应用太阳摄谱仪可以研究太阳光谱,测定天体的温度。

3. 距离、长度的测量技术

在古代,许多长度测量单位都是以人的身体为基准。例如埃及人曾用指幅(1 根手指宽)、掌宽(=4 指幅)、手宽(=5 指幅)和腕尺(=由肘至指尖的距离=28 指幅),中国人和罗马人曾使用脚长及步长来测量距离。

远距离测量技术常用的测量工具有米尺、皮尺、钢卷尺、皮卷尺等。随着科学研究的不断深入,长度测量的方法也在不断发展,出现了一些特殊的测量仪器,如声呐、雷达、激光等。人类在 20 世纪 60 年代利用激光技术第一次测得地球到月球的精确距离，实际误差仅为几厘米。激光具有单色性和相干性好、方向性强的特点，已被用于高精度的计量和检测上，激光测距包括脉冲式和相位式激光测距。脉冲式激光测距的原理与雷达测距原理相似，即测距仪向目标发射激光信号，信号碰到目标后就被反射回来，只要记录光信号的往返时间，用光速乘以往返时间的二分之一，就是要测定的距离。相位式激光测距仪使用的是无线电波段的频率，在对无线电波进行幅度调制，并测定调制波在被测距离间往返一次的相位延迟，再根据调制波的波长，换算出此相位延迟所代表的距离，即可间接测定出距离。

微距测量技术利用成像技术，可以在微米至纳米水平上进行测量。1982年 Binnig 和 Rohrer（美国，1986年物理学诺贝尔奖得主）发明并使用了扫描隧道显微镜（STM）进行纳米水平上的测量，1986年 Binnig 等人利用扫描隧道显微镜测量近 10~18 N 的表面力，并将扫描隧道显微镜与探针式轮廓仪相结合发明了原子力显微镜，在空气中测量其分辨率横向达 3 nm、垂直方向达 0.1 nm。中国计量科学研究院、清华大学等研制了用于大范围纳米测量的差拍法-珀干涉仪，其分辨率为 0.3 nm，测量范围 ±1.1 μm，总不确定度优于 3.5 nm。共焦扫描测量目前已实现超衍射极限的高分辨率、高成像对比度和层析成像，如日本 Olympus 公司制造的 OLS 3000 激光共焦扫描显微镜，其横向分辨率可达到 0.1 μm，轴向分辨率为 10 nm。

4. 三维物体显微轮廓

三维物体显微轮廓定量分析的非接触测量技术手段较多，包括共焦扫描显微技术、扫描探针显微技术、干涉显微技术及近年来迅速发展起来的数字全息显微技术和相关的仪器。

在用数字全息显微技术测量物体微观轮廓时，首先利用光学显微技术获得物体的放大像，利用全息技术获得物体的全息图，然后利用数字全息再现技术获得物体的三维轮廓。2006年，瑞士 LynceeTec SA 公司在世界上首次推出的 DHM（Digital Holographic Microscopy）1000 Family 三维显微测量仪，其轴向分辨率为 0.6 nm、横向分辨率为 300 nm，测量范围可达到 4 mm，测量速度可达到 15 帧/s。

5. 时间的测量

时间的单位是秒。随着科学技术的发展，秒的定义曾作过两次重大的修改。①最早，人们是利用地球自转运动来计量时间，基本单位是太阳日，19世纪末将一个平太阳日的 1/86 400 作为一秒，称作世界时秒；由于地球的自转运动存在着不规则变化，并有长期减慢的趋势，使得世界时秒不能保持恒定，秒的准确度只能达到一亿分之一秒。②1960年，国际计量大会决定采用以地球公转为基础的历书时秒作为时间单位，即将1900年初附近，太阳的几何平黄经为279°41′48″.04的瞬间作为1900年1月0日12时整，从该时刻起算的回归年的1/31 556 925.9747作为一秒，该秒的准确度提高到十亿分之一秒。③1967年，国际计量大会决定采用原子秒定义取代历书时秒定义，即将铯-133原子基态的与两个超精细能级之间跃迁相对应辐射的9 192 631 770个周期所持续的时间定义为一秒，该秒的准确度已优于十万亿分之一秒。

原子在发生能级跃迁时以电磁波形式辐射或吸收能量，该电磁波的频率和周期精确地与原子的微观结构相对应、极为稳定，人们利用这一特性制成了各种各样性能优异的原子钟。在原子钟出现之前，人们用来测定时间的手段有表圭和日晷、滴漏（水钟）、火钟、沙漏（沙钟）、摆钟（伽利略发现单摆的等时性）及近代机械钟和电子钟。

此外，测量质量的工具依精度的要求不同有电子分析天平、电子秤、物体天平、弹簧秤、杆秤，等等。实验室常用的托盘天平的原理是依靠横梁平衡的原理来称量物体的质量。

二、物质提取技术

物质提取技术有很多，使用时依据对提取物质量或杂质含量的要求不同，可选用传统方法或精细提取方法，精细提取方法包括沉淀、结晶、吸附、萃取、膜法和离子交换等。

1. 传统方法

常用的传统方法按照固液接触状态可分为静态方式，如煎煮、浸渍；动态方式，如回流、渗漉。

煎煮法 最早、最常用的提取方法之一，适用于有效成分能溶于水，且对加热不敏感的物质，能够提取出相对较多的有效成分。

浸渍法 可在常温或加热的条件下浸泡获取有效成分，操作简单易行，但所需时间长，溶剂用量大，有效成分浸出率低。其中，常温浸渍是较为常用的生物碱提取方法。

回流法 是以乙醇等易挥发的有机溶剂为溶媒，对浸出液加热蒸馏，其中挥发性溶剂馏出后再次冷凝，重新回到浸出器中继续参与浸取过程。该方法多采用索氏提法完成，操作简便、提取率较高，但不适用于热敏性生物碱的提取。

渗漉法 提取过程类似多次浸渍过程，浸出液可以达到较高浓度，浸出效果较好。此法常温操作不需加热，溶剂用量少，过滤要求较低，分离操作过程简化，尤其适用于热敏性、易挥发且有效成分含量较低时提取。当提取物为黏性、不易流动的成分时，不宜使用该法。

2. 精细提取方法

超临界流体萃取技术 超临界流体萃取技术（SFE），是利用超临界流体（SCF）如 CO_2、乙烯、丙烷、丙烯、水等在临界点附近某区域内，与待分离混合物中的溶质具有的异常相平衡行为和传递性，且对溶质的溶解能力随着压力和温度的改变在相当宽的范围内变动。这种流体可以是一种，也可以是复合物。常用的萃取剂为 CO_2，因其无毒、不易燃易爆、价廉、极性类似乙烷，超临界 CO_2 萃取技术更适合脂溶性、高沸点、热敏性成分及具有挥发性成分的提取与分离。

超声波提取技术 超声波是指振动频率范围在 20 kHz～1 000 MHz 之间的声波，超声提取法是利用超声波的空化与机械作用、热效应等以增大物质分子运动频率和速度，增加溶剂穿透力，从而提高目标成分浸出率的方法。它具有省时、节能、提取效率高等优点，是一种快速、高效的提取法，且提取中无加热过程，可避免加热因素引起的药物成分结构发生变化，能用于热敏性成分的提取。

微波辅助提取技术 1986 年匈牙利学者 Ganzler 等人提出了微波辅助萃取（MAE）法，借用微波加热特性对物料中目标成分进行选择性萃取，适合萃取土壤、食品、饲料等固体物中的有机物。该法对溶剂需要量少、萃取速度快、回收率高、灵敏、易于自动控制。

酶提取法 酶提取法是利用酶反应所具有高度专一性的特点，选择相应的酶，将植物细胞壁的组分，如纤维素、半纤维素和果胶质等水解或降解，破坏细胞壁结构，使细胞内的成分溶解、混悬或胶溶于溶剂中，以提高提取率。如天然植物中多含有蛋白质，采用煎煮法时蛋白质遇热凝固，影响提取成分的煎出，若加入蛋白酶，就可将植物中的蛋白质分解析出，提高成分的提取率。

固相萃取法 固相萃取法是 20 世纪 70 年代初发展起来的样品富集技术，是根据液相色谱法原理，利用组分在溶剂与吸附剂间选择性吸附与选择性洗脱的过程，以达到提取分离、净化和富集。固相萃取法具有对有机物吸附力强、前处理速度快、有机溶剂用量少、对人员危害小等优点，与传统的液—液提取法相比，避免了有机溶剂萃取时乳化现象的发生，具有安全省时、对环境污染小、易于自动化的特点。此法在环境监测、法庭毒物分析等领域也应用广泛。

固相微萃取法 固相微萃取法是一种集萃取、浓缩、解吸于一体的样品

前处理新方法。由加拿大的 Arthur 和 Pawliszyn 研创于 1990 年，1993 年美国 Supelco 公司推出了商品化固相微萃取装置，该装置 1994 年获美国匹兹堡分析仪器会议大奖。

加速溶剂萃取 加速溶剂萃取是一种全新的处理固体和半固体样品的方法，该法是在 50 ℃~200 ℃ 和 10.3~20.6 MPa 压力条件下，用有机溶剂萃取。它的优点是有机溶剂用量少（1 g 样品仅需 1.5 mL 溶剂）、快速（一般为 15 min）和回收率高，已广泛用于环境、药物、食品和高聚物等样品的前处理，特别是农药残留量的分析。

亚临界水萃取 亚临界水又称超加热水、高压热水或热液态水，是指在一定的压力下，将水加热到 100 ℃~374 ℃，但水体仍然保持在液体状态。

三、物质的分离纯化技术

常用的传统生物大分子分离方法有沉淀、透析、超滤和溶剂萃取等。它们都是一些较早就建立起来的分离方法，至今仍然被广泛应用。

基质固相分散萃取 基质固相萃取是一种新的提取净化技术，其基本操作是将试样直接与适量的固体基质（硅胶，florisil，C_{18}，C_8）研磨，混匀成半固态，装柱，选择合适的溶剂淋洗，基质固相萃取将样品的提取和净化一步完成，避免了样品的均化、转溶、乳化、浓缩造成的待测组分的损失，一般萃取液可直接分析检测，适用于各种分子结构和极性农药残留的提取净化。

大孔树脂吸附法 大孔树脂吸附分离技术是固液柱层析分离技术的一种，它采用特殊的吸附剂，从混合物中有选择性地吸附其中的有效组分或成分，去除无效部分。20 世纪 70 年代末逐步应用于中草药有效成分提取分离中。该方法具有设备简单、操作方便、产品纯度高、不吸潮及不加辅料等优点，在研究和生产中的应用日益广泛。

高速逆流色谱技术 高速逆流色谱技术是一种不用任何固态载体或支撑体的液液分离色谱技术，其分离效率高、产品纯度高、不存在载体对样品的吸附和沾染，具有制备量大和溶剂消耗少等优点。高速逆流色谱仪分为分析型、生产型两大类，可分别用于有效成分的分离制备和定量分析。进样量可从毫克级到克级，进样体积可从几毫升到几百毫升，不仅适用于非极性化合物的分离，也适用于极性化合物的分离；既可用于粗提取物中各组分的分离，也可用于进一步精制。

高速离心分离技术 高速离心分离技术已广泛应用于中药水提液澄清分

离，其离心速度超过重力速度上千倍，因此离心沉降效果远远胜过重力沉降。

分子蒸馏法 分子蒸馏法是在高真空度下进行液液分离操作的连续蒸馏过程。分子蒸馏法是利用不同物质的分子运动自由程的差别而对其实现分离，可以在远离沸点下操作，具备蒸馏压强低、受热时间短、分离程度高等特点，能大大降低高沸点物料的分离成本，极好地保护热敏性物质。故分子蒸馏技术特别适合于高沸点、低热敏性的物料，尤其是挥发油类、有效成分对温度极为敏感的天然产物的分离。

膜分离技术 膜分离技术是现代分离技术领域最先进的技术之一，是用天然或人工合成的高分子膜，以外界能量或化学位差为推动力，对混合物进行分离、分级、提纯和浓缩的技术。膜分离技术现主要用于气—气介质分离与液—液介质分离，与经典的介质分离工艺原理不同，膜分离主要是根据不同介质对膜的渗透性不同进行分离。使用膜分离技术（包括超滤、微滤、纳滤、渗透、反渗透等）可以在原生物体系环境下实现物质分离，高效浓缩富积产物，有效脱出杂质。该技术的优点是操作方便、结构紧凑、能耗低、过程简单、无二次污染。与常规的离心分离、沉降、过滤、萃取等方法相比，膜分离技术具有明显的潜在优势。

双水相萃取技术 双水相萃取技术是指亲水性聚合物水溶液在一定条件下可以形成双水相，由于被分离物在两相中分配不同，便可实现分离。被广泛用于生物化学、细胞生物学和生物化工等领域的产品分离和提取，双水相萃取技术已应用于酶、核酶、生长激素等各种活性成分的分离与提纯，具有活性损失小、分离步骤少、操作条件温和、不存在有机溶剂残留等优点，因而在天然有机化合物有效成分的分离方面颇有发展优势。

分子印迹分离技术 分子印迹技术是20世纪90年代发展起来的一种新的亲和分离技术，其核心是制备具有分子识别能力的聚合物，即先以待分离的化合物为印迹分子（也称模板、底物），同具有一定官能团的功能单体相互作用，在交联剂的作用下形成具有大孔、网状的分子印迹聚合物（MIP），然后通过溶剂洗脱、在一定条件下水解或其他方法除去模板分子，聚合物中就形成了与模板分子空间匹配的具有多重作用点的空穴。这样的空穴便可以与待分离混合物中的模板分子进行特异性的亲和作用，从而可以用这种分子印迹聚合物为固定相来进行分离、纯化待分离的物质。

亲和层析 亲和层析是20世纪60年代发展起来的一种高效、快速的分离纯化技术。它是一种利用生物大分子能够通过范德华力、疏水力、空间和静电相互作用，与配体特异、可逆地结合在一起的生物学特性，从复杂的生物样品中分离得到目标产物的液相色谱技术。亲和层析容量大，选择性强，分离效率高,且对目标产物的生物活性起到一定的保护作用,最先被用于酶的纯化,现在已广泛地用于核苷酸、核酸、免疫球蛋白、膜受体、细胞器甚至完整细胞的纯化。

亲和超滤 亲和超滤技术是将亲和层析的高选择性,与超滤技术的高处理能力相结合的一种新型的大规模进行生物质分离提纯的技术。其基本原理为,当需提纯的物质(亲和体)自由的存在于提取液时,由于其分子量较小,能顺利通过截留分子量大的超滤膜;但当亲和体与具有结合能力的大分子配体混合,形成亲和体—大分子配体复合物后,由于此复合物分子量远大于超滤膜的截留分子量,从而被截留;而提取液中其他未被结合的组分则通过超滤膜,从亲和体—大分子配体复合物中分离出来。当所有的杂质去除后,用合适的洗脱液处理超滤膜截留得到的复合物使亲和体从大分子中解吸出来;游离的亲和体(蛋白质、酶等)可通过超滤膜,从大分子配合体中分离出来;透过液可被截留分子量较小的超滤膜进行浓缩,而大分子配体经再生后可循环使用。这一过程已成功地应用于蛋白质、酶等的间歇,半连续和连续操作。

电泳技术 电泳现象于1808年被发现,1937年瑞典科学家Tiselius A.首次将其作为一种分离技术应用。随着电泳支持物的改进,电泳条件的完善,区带电泳、等电聚焦电泳、双向电泳等技术逐渐建立了起来。同时,电泳模式也有了极大的发展,先后出现了圆盘电泳、垂直板电泳、脉冲电泳等,电泳分辨率也随之得到了提高。

毛细管电泳(CE) 是20世纪80年代初期迅速发展起来的一种新型分离分析技术,是经典电泳技术和现代微柱分离有机结合的产物,起源于1967年Hejerten发表的博士论文。其原理是以高压电场为驱动力,以毛细管为分离通道,依据样品中各组分之间电泳淌度或分配行为的差异而实现分离的液相分离技术。CE具有设备简单、分离效率高、分析速度快、运行成本低、样品及试剂用量少、几乎没有废液等特点,非常适用于分离与分析难以用传统高效液相色谱分离的离子化样品,已广泛应用于分离蛋白质、糖类、核酸等多种物质,也已成为农药残留分析的实用性分析技术;在农药残留分析中应用较多的主要有毛细管区带电泳(CZE)和胶束电动毛细管色谱(MECC)。

分子精馏和短程精馏 分子精馏和短程精馏都是在高真空条件下进行的精馏技术,在这种条件下,分子蒸发的距离和分子运动的自由程相近,因此分子精馏可以用于分离沸点相近,且分子量较高的高沸点或热稳定性差的物质,特别适合于油溶性有效成分分离与纯化。

四、测试分析技术

现代测试分析技术主要包括 X 射线衍射分析、电子显微分析、热分析、光谱分析、表面分析技术等。电子显微分析包含透射电子显微分析、扫描电子显微分析、电子探针显微分析、分析电镜显微分析、离子探针显微分析等；热分析包含差热分析、热重分析、热膨胀分析、差示扫描量热分析等；光谱分析包含红外光谱、穆斯堡尔谱、电子顺磁共振谱、核磁共振谱、激光拉曼光谱、电感耦合等离子体原子发射光谱等；表面分析技术包含 X 射线光电子能谱和扫描探针显微镜等。

1. 结构测试分析

核磁共振波谱分析技术　所谓核磁共振波谱，实际上是吸收率（纵坐标）对化学位移（横坐标）的关系曲线。在核磁共振过程中，在核磁矩（主要研究的常是质子的磁矩）上的作用除了外磁场外，还有核外周围电子产生的磁场；于是在同样的外部条件下，位于不同分子中的核或同一分子中但位于不同化学集团的核，其共振频率都与理论值有不同程度的微小偏移（这种偏移与核所处的化学环境有关，称为化学位移）；若是扫场法，则表现为共振时的磁场不同。当然，这种由于化学环境不同而引起的核磁共振频率的偏移量是很微小的。对 H 核而言，这种偏移量仅为百万分之十；但正是因这一微小差异，即可由核磁共振谱得到分子结构的某些信息，如核外电子云的分布等。

共振瑞利散射　共振瑞利散射（RRS）是指当瑞利散射位于或接近于分子吸收带时，电子吸收电磁波频率与散射频率相同，电子因共振而强烈吸收光的能量并产生再次散射，这种吸收—再散射过程称为共振瑞利散射或共振增强瑞利散射。这种分析技术始于 20 世纪 90 年代初，它具有简便快速、灵敏度高的特点，已被广泛应用于生物大分子，如核酸、蛋白质以及无机离子的测定。

2. 定性与定量测试分析

中子活化分析　该法是用一定能量和流强的中子、带电粒子或者高能 γ 光子轰击待测试样产生核反应，然后测定核反应中生成的放射性核在衰变时放出的缓发辐射，或直接测定核反应中放出的瞬发辐射，从而实现元素的定性的定量的分析。由于反应所产生的射线具有放射性核素的特征，通过测定其半衰期或放射线的能量即能作出定性鉴定，而通过测定射线强度即可完成定量分析。20 世纪 70 年代以来，该技术已大规模地用于生物学、医学、环境科学、材料科学、地球化学、宇宙化学和考古学等领域。

质谱分析法 主要是通过对样品的离子的质荷比的分析，而实现对样品进行定性和定量分析，其商品化的仪器为质谱仪。质谱仪的电离装置将样品电离为离子，质量分析装置将不同质荷比的离子分开，经检测器检测之后可以得到样品的质谱图。由于有机样品，无机样品和同位素样品等具有不同形态、性质和不同的分析要求，所以质谱仪的电离装置、质量分析装置和检测装置有所不同。但是，不管是哪种类型的质谱仪，都包括离子源、质量分析器、检测器和真空系统。常用的质谱分析技术包括离子阱质谱、飞行时间质谱、四级杆质谱和傅立叶变换离子回旋共振质谱。

3. 成分测试分析

电子探针测试分析 电子探针的全称是电子探针X射线显微分析仪，它利用聚焦极细的电子束轰击固体试样的表面，根据微区内发射的X射线的波长及强度对试样进行定性和定量分析。一般的化学分析方法，如化学分析、仪器分析等仅仅能得到所分析试样的平均成分，不能准确地测定矿物试样某一区域的元素成分。电子探针微束分析是一种成分分析和显微分析相结合测试技术，不仅可以用来测定试样的成分，还可以准确快速地对试样某一区域内的成分进行分析测定，所需试样可以很少，对块状和粉末状试样均可进行测试。其特点是分析微区小、灵敏度高、属于无损分析，可分析元素范围大，特别适合于矿物材料组织结构和元素分布状态的精确分析。

原子吸收光谱测定法 在20世纪50年代，原子吸收分光光度法测试分析技术开始应用，它是利用蒸汽相对其原子共辐射的吸收强度来测定试样中被测元素的含量，已用于测定矿物、干燥材料中的金属元素分析。原子吸收分光光度法的优点是检出限低、灵敏度和分析精度高、分析速度快，对非金属元素也能间接的进行一定的测定。石墨炉原子吸收法的检出限可达到 $10^{-10} \sim 10^{-14}$ g，火焰原子吸收法测定中等和高含量元素的相对标准差可达到<1%、基本接近于化学分析；可测定元素达70多个，基本上覆盖了常用矿物材料中的金属元素。缺点是不能同时进行多个元素的测定，对一些矿物中含量较低的金属元素灵敏度不高。

磷光分析法 与荧光相比，磷光具有辐射波，磷光寿命长，以及磷光的寿命和辐射强度对于重原子和顺磁性离子极敏感的特点。磷光分析法从起步到应用阶段仅十余年的时间，现已建立了固体基质室温磷光法、胶束增稳室温磷光法、敏化/猝灭室温磷光法（能量转移室温磷光）、环糊精诱导室温磷光法及磷光传感器和磷光探针等技术。

光度分析法 光度法主要有分光光度法、荧光光度法和化学发光法。分光光度法的前身是有着很长历史的比色法,1830年左右四氨络铜离子的深蓝色就被用于铜的测定,1940年初分光光度计就开始了广泛使用。当紫外光照射到某些物质的时候,这些物质会发射出各种颜色和不同强度的可见光,而当紫外光停止照射时这种光线也随之消失,这种光线称为荧光。1928年,由Jette和West设计了第一台光电荧光计。近十几年来,随着激光、微处理机和电子学新成就的引入,促进了诸如同步荧光测定、导数荧光测定、时间分辨荧光测定、相分辨荧光测定、荧光偏振测定、荧光免疫测定、低温荧光测定、固体表面荧光测定、荧光反应速率法、三维荧光光谱技术、荧光光纤化学传感器等荧光分析的诞生和发展,也相应地加速了各式各样新型荧光分析仪器的问世。荧光分析法灵敏度、准确度和选择性日益提高,已不断朝着高效、痕量、微观和自动化的方向发展,其应用范围遍及工业、农业、医药卫生、环境保护、公安情报和科学研究等领域。

免疫分析技术 免疫分析法(immuno assay,IA)是基于抗原和抗体特征性反应的一种分析技术。免疫分析法始于20世纪50年代,最初应用于大分子有机物质的分析,随着各种标记技术(放射性标记、荧光标记、化学发光、酶标记等)的发展,使免疫分析的选择性更加突出。1960年,美国学者Yalow和Berson等将放射性同位素示踪技术和免疫反应结合起来,测定糖尿病人血浆中的胰岛素浓度,开创了放射免疫分析方法。1968年,Oliver将地高辛同牛血清白蛋白结合,使之成为人工抗原,并从免疫动物体内获得了抗地高辛抗体,从而开辟了用免疫分析法测定小分子药物的方法。在RIA(radio immuno assay,RIA)的基础上,随着新的标记物质的发现、新的标记方法的使用,及电子计算机、自动控制技术的应用,现已派生出了许多新的免疫检测技术。

同位素示踪技术 是利用放射性核素作为示踪剂对研究对象进行标记的微量分析方法。Hevesy于1923年首先用天然放射性212Pb研究铅盐在豆科植物内的分布和转移;继后,Jolit和Curie于1934年发现了人工放射性;随同位素生产方法的建立(加速器、反应堆等),为放射性同位素示踪法的发展和应用提供了基本的条件和保障。放射性示踪法可测到$10^{-14} \sim 10^{-18}$ g水平,即可以从10^{15}个非放射性原子中检出一个放射性原子。它比目前较敏感的重量分析天平要敏感$10^8 \sim 10^7$倍,而迄今最准确的化学分析法也很难测定到10^{-12} g水平。此外,该法还有简便、定位定量准确、符合生理条件等优点。

4. 色谱定性、定量分析

色谱法或色谱分析(chromato graphy)也称之为色层法或层析法,是一种物理化学分析方法。它利用混合物中各物质在两相间分配系数的差别,当溶质在两相间做相对移动时,各物质在两相间进行多次分配,从而使各组分得到分离。

纸色谱法 属于液—液分配色谱。纸色谱使用的载体是滤纸,附着在滤纸上的水是固定相。样品溶液点在滤纸上,作为展开剂的有机溶剂自下而上移动,样品混合物中各组分在水—有机溶剂两相发生溶解与分配,并随有机溶剂的移动而展开、分离。该法具有方法简单、操作方便、快速、灵敏度高、干扰少等特点,非常适合野外条件下和基层实验室使用。

薄层色谱法(TLC) 是根据待分离的混合物与两相(流动相、固定相)发生相互作用(吸附、溶解、结合等)的能力不同,在两相中的分配(含量对比)不同而将各组分分离。其优点在于无需特殊设备,简便易行,可同时分析多个样品,多用于复杂混合物的分离和筛选;TLC除用特殊的显色剂观察斑点颜色和用Rf定性外,与其他技术联用,不仅可以定性,而且可以对样品中待分离的一种或多种成分进行定量分析。

气相色谱(GC) 用气体作为流动相的色谱称为气相色谱(GC)。气相色谱法具有操作简单,分析速度快,分离效能和灵敏度高,应用范围广等特点,但一般不适用现场检测。另外,沸点太高的物质或热稳定性差的物质都难以应用气相色谱法进行分析。凡是沸点大约在500℃,分子量在400以下的物质原则上都可以用气相色谱法分离和分析。

液相色谱(LC) 用液体作为流动相的色谱称为液相色谱(LC)。在20世纪60年代末将高压泵和化学键合固定相用于液相色谱,出现了高效液相色谱(HPLC)。它具有分离效率高、分析速度快、检测灵敏度高和应用范围广泛的特点,特别适合于非挥发性、大分子、强极性和热稳定性差的物质的分离和分析。

气谱—质谱联用(GC-MS) 气相色谱—质谱联用技术是将气相色谱仪和质谱仪串联成为一个整机使用的检测技术。它既具有气相色谱的高分离效能,又具有质谱准确鉴定化合物结构的特点,可同时完成定性和定量的检测。

液相色谱与质谱联用(LC-MS) 可以首先将混合物分离为单一组分,之后再用质谱检测器进行检测。该过程不仅可以得到更有意义的质谱数据,还可在一定程度上排除基质干扰,克服离子抑制现象,优化质谱检测信号。

超临界流体色谱(SFC) 超临界流体色谱是以超临界流体为流动相的色谱分离检测技术,能弥补GC和HPLC各自的不足。由于超临界流体具有黏度小、传质阻力小、扩散速度快,分离能力和速度可与GC相比;密度、溶解力和速度可与HPLC相比。

五、成像分析技术

电子显微镜　扫描电子显微镜（简称扫描电镜），是一种用来观察和分析晶体矿物表面形貌和结构（若配备谱仪，也可进行成分分析）的测试仪器。它利用聚焦电子束在试样表面扫描成像，通过分析产生的各种电子信号（主要是二次电子）来观察和分析试样的形貌和结构。扫描电镜测试技术的主要特点是试样制备简单，对块状和粉末状矿物材料及干燥生物材料均可进行测试（非导体试样需在其表面喷导电层）；聚焦景深大，观察表面形貌和分析结构方便，立体感强；放大倍数连续可调，可达 10~300 000 倍。

透射电子显微镜（简称透射电镜）　是主要用来观察物质内部微观结构的现代测试仪器，若配以质谱仪，还可进行物质成分的测定。其主要原理是，聚焦电子束与物质试样产生相互作用，产生一定的透射电子，通过分析透射电子反映出的特征，可间接分析物质试样的结构。透射电镜的特点是放大倍数大，可高达 80 万倍，是目前放大倍数最高的电子显微镜；分辨率高，可达 0.1 nm，能在原子和分子尺度直接观察矿物材料的结构；由于聚焦电子束直径很小，适合对微区进行分析，最小分析区域可达纳米尺度。

激光扫描共焦显微镜　激光扫描共焦显微镜（LSCM）是 20 世纪 80 年代问世的一种新型分析仪器，由于其高分辨率、灵敏度、放大率高，在细胞水平上能作多种功能测量和分析，成为分析细胞学的重要研究工具，激光扫描共焦显微镜是在显微镜基础上配置激光光源、扫描装置、共轭聚焦装置和检测系统而形成的新型显微镜。它可对活细胞分层扫描后得到光学切片进行细胞的三维重建，测量所分析的细胞形态学参数和荧光强度。利用荧光探针标记的 LSCM 可对细胞内微细结构和离子的动态变化进行定性、定量、定时和定位分析。LSCM 还可以进行显微手术，细胞分选，细胞胞间通讯和膜的流动性等测量。

扫描隧道显微镜　1982 年国际商用机器公司苏黎世实验室的 Binnig 和 Rohrer 研制发明了扫描隧道显微镜（STM），他们为此获得了 1986 年诺贝尔物理学奖。STM 的出现使人类第一次能够实时地观察单个原子在物质表面的排列状态，研究与表面电子行为有关的物理、化学性质；该仪器在表面科学、材料科学、生命科学、电化学、凝聚态物理、纳米加工与纳米构筑等领域的研究中有重大的意义，被国际科学界公认为 20 世纪 80 年代十大科技成就之一。

光声成像技术　用时变的光束照射吸收体时，吸收体因受热膨胀而产生超声波,这种现象称为光声效应,产生的超声波称为光声信号。1880年Bell实验室发现了光声现象,20世纪60年代光声效应才与现代激光技术、微弱信号监测技术相结合而发展,70年代光声效应被用于光谱研究,并形成了光声光谱技术,80年代光声效应被引入生物组织成像领域,形成了生物组织的光声层析成像技术(photo acoustic tomography,PAT)。

对生物组织进行成像,是研究生物组织的结构特征、功能及医学临床诊断的重要手段。目前,广泛使用的成像方法主要有X射线造影术、X射线断层扫描(computed tomography,CT)、正电子发射层析术(positron emission tomography,PET)、磁共振(magnetic resonance tomography,MRT)、超声成像、光学相干层析成像技术(optical coherence tomography,OCT)等。在这些成像技术中,前3种因辐射而对人体都有一定的潜在损伤,且X射线造影术依赖于生物组织的密度,骨折愈合初期X光成像无法检测;PET需要回旋加速器或发生器产生高能粒子,设备昂贵,且空间分辨率较低;MRT对人体无损伤,但灵敏性较差,扫描和后加工时间长,需要大量的探针,且设备购置成本和运营成本都很高;超声成像技术对组织无损伤,但它只能对组织声阻抗的变化成像,重建图像的对比度低;OCT依赖于组织的光学特性参数(如光散射系数、吸收系数),通过对生物组织光学特性差异成像,可以反映组织生理状况和代谢特征,实现功能成像,并且具有对人体无损伤、分辨率高等特点,但由于生物组织是浑浊介质,光的强散射造成纯光学成像灵敏度低,成像深度浅。而光声成像技术结合了组织纯光学成像和组织纯声学成像的优点,可得到高对比度和高分辨率的重建图像,且无副作用,为生物组织的无损检测技术提供了一种重要检测手段,正逐步成为生物组织无损检测领域的一个新的研究热点。

红外热像技术 红外热像技术是利用红外辐射原理,通过测取目标物体表面的红外辐射能,将被测物体表面的温度分布转换为形象直观的热图像(灰度图或彩色图)。其特点是:①响应速度快;传统的测温技术,如热电偶的响应时间一般为秒级,而该技术多为毫秒甚至微秒级,因此热像仪可以测取快速变化的温度(场)。②测量范围宽;玻璃温度计的测温范围为$-200\ ℃\sim600\ ℃$,热电偶的测温范围为$-273\ ℃\sim2\ 750\ ℃$,而辐射测温的理论下限是绝对零度(即$-273.16\ ℃$)以上,没有理论上限,实际的辐射测温上限可达$5\ 000\ ℃\sim6\ 000\ ℃$。③非接触测量;由于测取的是物体表面的红外辐射能,不用接触被测物体,也不会干扰被测的温度场,故红外热像技术非常适合于测量运动的物体、危险的物体(如高压线缆)和不易接近的物体。④测量结果直观形象。

全景成像技术 全景成像(panoramic imaging,PI)是采用特殊的成像装置获得水平或者垂直方向上大于 180°的半球视场或者 360°的视场。2004 年 1 月 4 日，美国"勇气"号火星探测器在火星着陆，并用全景相机对火星表面进行探测，拍摄了火星表面三维全景黑白照片和高分辨力全景彩照。

双光子激发荧光成像技术　双光子激发荧光成像技术是利用分子的双光子激发荧光效应进行成像，激发效率与激发光的光强平方成正比。因此，双光子激发只发生在焦点附近的极小区域，不需要共焦小孔便可实现三维高分辨成像，信噪比很高，并且降低了对焦点以外染料的漂白，减少光化学毒性。同时，对常用的生物荧光染料，双光子激发荧光成像技术可采用近红外超快激光作为激发光源，与通常的紫外激发光相比减小了光散射效应，提高了穿透深度，且对生物样品的光损伤小，适合大体积活细胞的四维实时观测。双光子激发荧光效应存在蓝移现象，大部分荧光探针的双光子激发光谱的峰值波长约为单光子激发光谱的两倍，且谱线略宽，因此可以利用同一束激光同时激发几种荧光特性不同的染料，从而用多通道成像方法分别、并同时获取这几种染料的荧光信号，为生物医学研究提供一种多参数的研究手段。

六、其他生物技术

生物技术（biotechnology）亦称"生物工程"或"生物工艺学"，是指综合运用生物学、化学和工程学的手段，直接或间接地利用生物体本身、部分组分或某些特殊机能，为人类造福的综合性科学技术。它依赖于生化工程、基因工程、细胞工程等，其核心内容是基因工程。

生物传感器　表面等离子体谐振（surface plasmon resonance，SPR）生物传感器是一种基于物理光学原理的新型生化分析系统。SPR 是一种物理光学现象，由入射光的电磁波和金属导体表面的自由电子形成的电荷密度波相互作用所产生；与传统的相互作用分析技术相比较，SPR 具有实时监控、无需标记、耗样量极少等特点，在研究分子间相互作用、药物残留检验、临床疾病诊断以及畜牧养殖业等诸多方面都具有应用价值。

DNA 重组技术　重组 DNA 技术（recombinant DNA technique）又称遗传工程，在体外重新组合脱氧核糖核酸（DNA）分子，并使它们在适当的细胞中增殖的遗传操作。这种操作可将特定的基因组合到载体上，并使之在受体细胞中增殖和表达。因此，DNA 重组不受亲缘关系的限制，为遗传育种和分子遗传学研究开辟了崭新的途径。

细胞工程　主要内容为细胞融合（细胞杂交）。细胞融合就是指在外力（诱导剂或促融剂）作用下，使两个或两个以上的异源（种、属间）细胞或原生质体相互接触,从而发生膜融合、胞质融合和核融合并形成杂种细胞。细胞融合不受生物种、属的局限,可实现种间生物体细胞的融合,使远缘杂交成为可能,因而是改造细胞遗传物质的有力手段。在基础理论研究上,动物细胞融合技术对研究细胞分化、基因定位、肿瘤发生机制等方面都有重要意义。

生物芯片 是指采用光导原位合成或微量点样等方法,将大量生物大分子,如核酸片段、多肽分子甚至组织切片、细胞等生物样品有序地固化于支持物(如玻片、硅片、聚丙烯酰胺凝胶、尼龙膜等载体)的表面,形成二维阵列,然后与已标记的待测生物样品中靶分子杂交,通过特定的仪器,如激光共聚焦扫描或电荷偶联摄影像机(CCD)对杂交信号的强度进行快速、并行、高效检测分析,以判断样品中靶分子的数量。目前常见的生物芯片(biochip)主要分为3大类,即基因芯片(Genechip, DNAchip, DNAmicroarray)、蛋白质芯片(Proteinchip)、芯片实验室(Lab-on-a-chip)等。

电压钳技术(电生理技术) 由美国学者 Cole 提出,英国学者 Hodgkin、Huxley 和 Katz 进一步发展而成。其实质是通过负反馈微电流放大器在兴奋性细胞膜上外加电流,使膜电位稳定在指令电压水平,以消除钠电导对膜电位的正反馈效应;这样,在膜电位突然跃变并固定于某一数值时,可观察膜电流的变化;膜电流的改变反映了膜电阻和膜电导的变化,后者相当于膜通透性的变化,而膜通透性与离子通道有关。因此,电压钳技术也是研究细胞膜离子通道的基本方法。

膜片钳技术 是在电压钳基础上发展起来的一种新技术,可在很小的膜面积上进行电压钳制,可将细胞膜上一个通道的电位固定在一定水平,观察流过该通道的离子电流。德国科学家 Neher 和 Sakmann 首先用此技术对去神经支配的肌肉细胞的乙酰胆碱受体通道进行了研究,记录到了量值在皮安级(10^{-12} A)的微弱电流。1981年,经 Hamill 等及后人的进一步完善,其电流测量灵敏度已达 1 pA,时间和空间分辨率达 10 μs 和 1 μm,并已发展出了许多适合不同需要的记录模式。这项技术为从细胞和分子水平了解生物膜离子单通道的"开启"和"关闭"的门控动力学,及各种不同离子通道的通透性和选择性等提供了直接手段。

七、计算机技术与空间技术

计算机技术 电子计算机是 20 世纪最辉煌的技术成果之一,它具有存贮数据、记忆、逻辑推理、判断等功能,以其运算速度快、计算精度高等特点,已广泛用于自然科学研究和其他领域,现代自然科学的发展几乎已不可能离开电子计算机。例如,原子能反应堆、回旋加速器、卫星和载人飞船都要在高温、超高速、超高压下运行,若用实验方法进行模拟相当困难,甚至无法进行,然而用电子计算机进行理论计算或模拟则较易实现。再如,1976年在J. Koch的算法的支持下,美国数学家阿佩尔(Kenneth Appel)与哈肯(Wolfgang Haken)在美国伊利诺斯大学的两台不同的电子计算机上,用了1 200个小时、作了100亿次判断,终于完成了四色定理的证明。

随着计算机技术与生物科学的结合,产生了生物信息学,能够对蛋白质、核酸等数据进行存贮,进行比对、预测等研究。国际上现已建立了三个核苷酸序列数据库,即美国国立卫生研究院下属的国立生物技术信息中心建立的GenBank数据,日本DNA数据库(DDBJ)及欧洲生物信息研究院的欧洲分子生物学实验室(EBI)核苷酸数据库(EMBL),所有这三个中心都可独立地接收数据提交、相互之间逐日交换信息,并制作相同的充分详细的数据库向公众开放。

空间技术　空间技术也称为航天技术或太空技术,主要包括人造地球卫星、火箭、载人航天、空间站、深空探测等,其形成以1957年10月4日前苏联发射第一颗人造地球卫星为标志,是第三次技术革命的重要标志之一。空间技术利用科学卫星等研究高层大气、地球辐射、地球磁层、宇宙线、太阳辐射、寻找组成反物质的反粒子等,空间站可用于天文观测、医学和生物学研究、空间材料科学试验的基地。

八、3S技术

全球(卫星导航)定位系统(Global Positioning System,GPS)、遥感(Remote Sensing,RS)和地理信息系统(GIS),通称为"3S"技术。现在对地表的景观结构和空间格局的研究大都采用3S技术,应用RS技术和GPS技术采集景观原始数据,利用GIS的栅格化数据或矢量化数据表达景观数据,再用GIS与景观研究方法(景观指数分析法和空间分析方法)进行分析,最后对分析结果进行解释与判断。

全球定位系统GPS　是美国陆海空三军联合研制的卫星导航系统,具有全球性、全天候、连续性、实时性导航定位和定时功能,能为各类用户提供精密的三维坐标、速度和时间。单点导航定位与相对测地定位是GPS应用的两个方面,相对测地定位是其主要的应用方式。该系统以地球质心为坐标原点、进行地球表层空间点的三维定位测量,对飞行器及运载工具(如飞机、飞船、船舰、导弹等）进行导航，采用GPS卫星确定卫星的轨道，精度可达几厘米。全球卫星导航定位技术与航空、航天遥感技术已经成为空间对地观测技术的主体。

遥感RS 遥感平台与观测技术已从单一传感器、单一平台、单一观测技术发展到了现代的多传感器、多平台、多角度及三高（高分辨率、高光谱、高时相）水平。其中，民用遥感平台的空间分辨率可高达0.62 m，军用的可高达10 cm，光谱分辨率可达纳米级；小卫星群的重访周期为1~3 d，机载、星载SAR日益普及，实现了全天候、全天时的观测。

遥感应用领域开始于资源调查，随着技术水平的提高，其应用领域不断拓展。例如，利用多时影像进行土地利用变化监测、军事打击效果的评估、农作物估产、林业资源调查、自然灾害监测、全球和局部环境监测等，利用高分辨率遥感影像可提取城市交通道路网络；高光谱遥感在精准农业应用、矿物成分及土壤理化成分检测中已发挥了重要作用；此外，遥感技术在数字城市、数字省区和数字中国的建设以及DOM、DEM和DLG图的制作中也都作用显著。

复习思考题

1. 自然科学研究中常用的方法有哪些？
2. 科学研究中仪器与技术有哪些作用？如何利用？
3. 自然科学研究技术和手段有哪几类？
4. 根据自己的研究和具备的条件，设计一种使用仪器和技术的实验。

主要参考文献

1. 栾玉广. 自然科学技术研究方法. 合肥：中国科学技术大学出版社. 2003
2. 杨建军. 科学研究方法概论. 北京：国防工业出版社. 2006
3. 刘莹，邵天敏. 机械基础实验技术. 北京：清华大学出版社. 2006
4. 柴鹏千. 气体分离膜的工业应用及其经济性能分析. 北京：化学工业出版社，2002：37
5. 邓延倬，何金兰. 高效毛细管电泳. 北京：科学出版社，1996：272~317
6. 卢晓江. 中药提取工艺与设备. 北京：化学工业出版社，2004：37~38
7. 罗立新. 细胞融合技术与应用. 北京：化学工业出版社，2003
8. 郭达志，杨可明. "3S"技术的最新发展. 河南理工大学学报，2006，25（3）：173~178

9. 何军锋，谭毅. 光声成像技术在生物医学中的研究进展. 激光技术，2007，31（5）：530~534

10. 孔德生，万立骏，陈慎豪. 电化学 STM 技术在金属腐蚀科学中的应用及研究进展. 化学进展，2004，16（2）：204~202

11. 李国华，吴立新，吴淼等. 红外热像技术及其应用的研究进展. 红外与激光工程，2004，33（3）：227~230

12. 庞华. 标记免疫分析技术及其进展. 国外医学（放射医学核医学分册），2002，26（5）：213~216

13. 唐晓艳，张洪友. SPR 生物传感器及其应用进展. 中国畜牧兽医，2006，33（4）：47~50

14. 王鑫，李文刚，项朝荣等. 生物芯片技术的应用研究进展. 江西畜牧兽医杂志，2006（6）：3~4

15. 向子云，罗锡文，周学成等. 多层螺旋 CT 三维成像技术观测植物根系的实验研究. CT 理论与应用研究，2006，15（3）：1~5

16. 肖潇，杨国光. 全景成像技术的现状和进展. 光学仪器，2007，29（4）：84~87

17. 张宝生，焦向东，吕涛等. 高温测量技术及其在焊接研究中的应用进展. 北京石油化工学院学报，2006，14（2）：47~51

18. 钟玲，尹蓉莉，张仲林. 超声提取技术在中药提取中的研究进展. 西南军医，2007，9（6）：84~87

19. 周文静，于瀛洁，陈明仪. 数字全息显微测量技术的发展与最新应用. 光学技术，2007，33（6）：870~874

第四章 人文社会科学研究

[**本章提要**] 本章论述了学科特点、社会功能及20项人文社会科学的范围与基本范畴。在常用的研究方法与技术中介绍了哲学方法、归纳方法与演绎方法、分析方法与综合方法、历史方法与逻辑方法、比较分析法等。在研究质量与创新方面介绍了选题、收集和整理资料、形象思维的创造作用等。

在现代学科体系中,与自然科学相对应的人文社会科学,是经历了较为充分的分化而逐步走向一体化的人文科学与社会科学的总称。人文科学(humanities)是以人类的精神世界及其积淀的精神文化为对象的科学,是关于人的自身的学说或者理论体系,是对人的存在、本质、价值和发展等问题,对人的自然属性、社会属性、特别是精神文化属性进行探究的学问,包括语言文学、历史、哲学、宗教、艺术、人类学、道德伦理学科以及教育学等。社会科学(socialsciences)是关于人类社会的学说或者理论体系,它以人的共同体的经济活动、政治活动、精神文化活动等社会现象为研究对象,从多侧面、多视角对人类社会进行分门别类的研究,目的在于通过对人类社会的结构、机制、变迁、动因等层面的深入研究探索和揭示人类社会本质和发展的规律,以便更好地建设和管理社会,包括政治学、法学、经济学、社会学、新闻学、管理学、人口学等。

第一节 研究范畴与特点

人文科学与社会科学的研究对象是人类及其社会生活,从不同的侧面以各自不同的方式反映社会生活,由于两者间具有相互补充、渗透和影响,因而人文学科与社会科学走向了一体化。随着学科发展的不断成熟,已经很难按传统方法对人文科学或社会科学进行归类。人文社会科学的形成意味着人类社会的发展,人文科学与社会科学融合使得整个人文社会科学与自然技术科学之间形成了一种新的张力与亲和力,促使人文科学的批判性更多地表现出了建设性，社会科学研究也越来越趋向于科学精神与人文精神的融合。

一、人文社会科学的发展

人文社会科学发展经历了前科学时期、各学科分化和独立发展时期、综合科学知识群形成时期三个阶段。

前科学时期　在人类文明发展初期的人文社会科学处于前科学时期，该阶段是人文社会科学的萌芽和积累阶段。这一时期研究者主体大多是"百科全书"式的学者，他们对于人文社会现象的观察和思考往往较笼统、难以分门别类，其知识形态处于未分化状态、也多统一于哲学和神学之中。人文社会科学知识系统内的各侧面、各层次也混为一体，并掺杂着大量的主观感受、个体体验、猜测思辨和理想愿望，不可避免地具有十分浓厚的非客观性、非科学性和片面经验性色彩。

学科分化和独立发展时期　18~19世纪西方文艺复兴及社会生产力的巨大发展，人文社会科学各学科得到了分化和独立发展。在社会经济与政治的巨大进步的影响下，经济学、政治学、法学、社会学、历史学、地理学等基本学科从哲学体系中逐渐分化和相对独立。受自然科学观和方法的影响，人文社会科学也关注客观的现实社会生活、注重经验资料的收集和积累，实验、比较、心理分析、行为分析、定量分析等各种研究方法已普遍使用，从而也形成了具有独特对象、范畴和方法的学科体系。

综合科学知识群形成时期　从19世纪末开始，特别是第二次世界大战以来，人文社会科学蓬勃发展，许多学科相继成熟。由于现代系统科学方法的诞生，促使不同学科之间大规模的相互跨越交叉和融合，极大地推动了人文社会科学深度分化和高度综合，产生了大量的新兴学科、分支学科、边缘学科、交叉学科、横断学科、综合学科及比较学科，组成了一个相互交叉、渗透、移植和互鉴的多学科领域，形成了多体系的综合学科与知识群。

二、人文社会科学的学科特点

人文社会科学的特点主要体现在自身的复杂性与模糊性，研究对象的特殊性与真理性检验的困难性，价值实现的潜在性与间接性，民族性和本土性等方面。

1. 人文社会科学自身的复杂性与模糊性

虽然人文社会科学笼统称之为"文科"，并与自然科学、工程技术之间存在着明显的分界，但人文科学与社会科学之间以及文、史、哲、政治、经济、教育、法学等具体学科领域之间，从研究对象到研究方法都存在着许多差异。人文科学是以人的内在世界、精神世界为研究内容或对象，其研究方法主要是对意义的"理解"；而社会科学将人与社会都当做研究客体，强调客观实在性和规律性，其研究方法受自然科学实证化和规范化的影响，越来越趋向于采用实验、调查统计等实证方法。

人文社会科学及其研究，存在着"工具理性"和"价值理性"层面。工具理性层面还包括解释性、操作性两个不同的层面。人文社会科学尽管也存在基础研究与应用研究之间的分野，但由于研究对象（人和社会）的主体性、即时性和动态性，解释和操作、价值和手段往往交混在一起，不容易彼此区分。这些客观因素都造成了人文社会科学概念的笼统性及其内部的复杂性和模糊性。

2. 研究对象的特殊性与真理性检验的困难性

人文社会科学的研究对象就是人文社会现象，它包括人和社会的本质与活动、研究者与研究对象的关系、研究者间的关系，以及人的生存意义与价值等。与自然科学的研究对象相比，人文社会科学的研究对象明显具有自为性和异质性、价值与事实统一性、研究者与研究对象的内在相关性、更大的偶然性与不确定性、可预言性与准确预言的有限性等特点。人文社会现象与自然现象、技术现象的差异是造成人文社会科学与自然科学差异的根源，自然现象具有不依赖于研究者而存在和发展的客观性和普遍性，科学研究活动中的研究者与研究对象界限具有较强的实证性；而人文社会科学的研究对象具有主观自为性和个别性，其中充满复杂的随机因素的作用，不具备重复性，而且涉及变量众多，关系复杂，通常难以脱离环境而单独活动，研究者与研究对象界限模糊。

培根提出了对科学理论进行真理性检验的两个标准，即内部标准和外部标准。内部标准就是推理和证明，更重要的外部标准就是实际应用，因为实践是检验真理的唯一标准，实际应用在判断结论的正确性上更有权威。在外部标准的检验方面，自然科学通常在人为控制条件下使用实验手段，使研究对象得以简化和纯化；而人文社会科学的研究对象总是处在一定历史背景及复杂社会关系中，很难使研究对象简化和纯化，所观察的现象也很难在变量控制下重复出现。就内部标准而言，人文社会科学中的概念、命题是经验事实的抽象产物，存在着概念理解的多义性，概念的限定和理性命题的推演不可能像自然科学中那样严格。因此，检验人文社会科学研究的内部标准只能由检验者的直观逻辑合理性来确认，外部标准也只能由检验者的直观经验事实认定。

3. 价值实现的潜在性与间接性

人文社会科学研究成果以潜在的价值形式存在，只有当主体作用于它时才能变为现实价值，即只有在阅读、理解和接受其研究成果，用研究成果指导实践时才能产生作用和影响，才能将其潜在价值转化为现实价值。

社会科学研究成果的价值具有不可计量性，虽然人们都承认社会科学研究成果具有强大的社会功能，但至今尚未有可以准确计量的方法。如"实践是检验真理的唯一标准"，"改革也是解放生产力"等成果的作用均已为实践所证明，但无法精确计量其作用的大小，只能用"良好、重大"等一类非确指的、模糊的字眼来形容它。部分社会科学的应用研究成果可以产生经济效益、可用经济效益计算和衡量，但其经济效益并非成果价值的全部。

社会科学研究成果价值的抽象性，使得对其评价只能用三种方式。一是，应尽量多采用事后评价、"延时评议"等方法，让研究的潜在价值在学科、经济与社会的发展中自然显露，接受历史的检验；二是评价过程中不宜完全使用量化手段，而需要与同行评议、定性判断相结合；三是注意从多个不同角度认识人文社会科学研究的价值，提倡评价标准的多元化。

4. 民族性和本土性

人文社会学研究与结论不像自然科学和工程技术那样可以完全具备价值中立性，自然科学研究成果可以服务于任何人、任何国家和民族。相反，人文社会科学研究中工具理性与价值理性并存，是以解决本国、本民族的实际问题为出发点；不同的民族和国家其社会制度、文化背景、心理习惯、价值观念等都有差异，这些差异导致评价成果的价值标准不同，对成果好与坏的认识有本质的不同。

人文社会科学还具有阶级性，它必定要为其政治和政策服务，反映其特定的价值取向、意识形态，在哲学、法律、宗教、伦理中尤其如此。无论是作为研究对象的人和社会，还是作为研究主体的研究人员，都不可避免地要受到其特定的意识形态的主导，受民族、地域、文化传统、价值伦理的影响，因而其研究成果也肯定具有一定的民族性和阶级性。虽然距离政治和意识形态较远的人文社会学科当中，也有全人类都可接受的部分研究成果，但大量的人文社会科学应用与开发性研究，必然要面向本土，适合本国国情。

所以，人文社会科学研究与评价就不能像自然科学、工程技术那样，以国际上的主流来作为考量、评价的标尺。在进行人文社会科学研究和评价其成果时，既要鼓励吸引世界先进理论成果、鼓励与国际接轨，但也决不能脱离国家范畴、民族性和本土性的要求和主见，更不能受所谓"国际主流"研究领域或国际期刊发表的论文所迷惑，否则难免导致将本国、本民族、本土的利益拱手送人的严重后果。

三、人文社会科学的社会功能

人文社会科学的社会功能主要包括文化功能、教育功能、政治功能、管理功能、决策功能、创新功能等诸多方面。

1. 文化功能

文化功能的核心是保护、发掘、变革、重构文化传统，弘扬人文精神的历史传承等。人文社会科学直接作用于生产力，通过促使劳动者接受教育、主动学习而形成社会生产力和人力资源，进而创造出新的人文价值和价值追求，并成为经济发展、社会进步的源动力。

其次，是批判性和引导性。人文社会科学是向罪恶、虚假、偏见和愚昧开战的先锋，其先进思想在于对神秘和迷信的直面批判和彻底清除。比如：文艺复兴运动对人的本质、尊严、个性、自由的发现与肯定，启蒙运动对灭绝人性的宗教神权的否定，无神论推倒了"神"的统治，使人从宗教神学的禁锢下解放出来。

人文社会科学的文化功能，还表现在对个人和整个社会的思想、价值取向、行为的导向；对人类的思想、心理、行为的约束和规范；在价值观趋同和目标相同的群体中产生向心力和凝聚力，在人的内心和群体内部形成一种高昂向上的情绪和奋发进取的精神。

2. 教育功能

首先，从育人的过程看，提高人的素质离不开人文社会科学。学习数理及生物技术，绝对离不开语言学，哲学和逻辑学确立了人们对整个世界的本质及其发展规律的认识，使物质世界的研究能够沿着正确的方向发展。

其次，人文社会科学本身就是一个宏大的知识体系，经济学、法学、伦理学、文艺学、行为学、管理学、政治学、历史等科学知识，都是帮助人们正确地认识社会的锐利武器。同时，它还包含着世界观、人生观、价值观。丰富内容，为人类活动提供科学认识、价值观念和行为规范，为教育人们树立正确的理想、信念和信仰提供必要手段与知识源泉。

最后，人文社会科学体现的是以追求真、善、美等崇高的价值理想为核心，以人的自由和全面发展为终极目标的人文精神；通过教育能使人自觉学习和运用知识，使人的精神充实、心灵净化、视野开阔，提高解决人生和社会问题的能力。

3. **政治功能**

政治功能主要是指人文社会科学的理论与方法在社会政治生活、军事斗争中发挥的作用和功效。这种作用是通过对政治家、政治集团与社会各阶层的影响而服务于社会政治生活和军事斗争，为国家制定政治路线、方针和政策提供理论基础，指导和规范日常政治行为。

第一，人文社会科学是真理性、价值性与艺术性的统一，具备社会意识形态、阶级或民族的烙印。人文社会科学本身就是一种意识形态，与自然科学相比更容易被当做政治统治工具，受到社会统治阶层的政治干预和控制，强化意识形态对社会科学体系的渗透，使其具有鲜明的政治性。

第二，人文社会科学工作者总是从属于一定的阶级、民族和国家等利益集团，并与人文社会科学现象之间存在着或多或少的利害关系，其研究成果常渗透着各自的知识背景、价值观、民族文化传统和阶级倾向性。

第三，除了语言学等极少数学科以外，人文社会科学不可能为一切阶级、一切政治制度同样有效地服务，人文社会科学的多数学科体系、学术流派及其价值都或明或暗地蕴含着政治倾向。

最后，在社会革命时期，人文社会科学的政治功能是为革命提供指导思想和斗争方略，在思想上武装先进阶级，帮助他们制定革命纲领、路线和步骤；在和平时期，则以独特的方式为统治阶级的利益服务。

4. **管理功能**

管理学是人文社会科学与自然科学交叉的综合性学科群。在经济活动领域，管理的目的在于实现人、财、物诸多生产要素的最佳匹配，生产、分配、交换、消费过程的最佳运行，以提高经济效益。因此，经济学等人文社会科学与经济管理领域的相互渗透，不仅实现了经济管理功能，也能派生出间接的经济效益。

在科学技术领域，科学技术既可促成社会繁荣，也可造成社会崩溃，如生态失衡、资源枯竭、道德沦落等。要避免科学技术的不当使用或滥用，现代化的社会需要一种具有正确价值性，能包容技术型生产力和生产方式的社会管理方式，人文社会科学的管理功能为自然科学向现实的社会生产力转化提供了思想保证、精神动力和智力支持。

就整个社会而言，人文社会科学作为科学的认知方式，追求的最高目标仍然是关于人及人类社会的客观规律，它通过经济的、政治的、法律的角度，对人类社会的组织结构、功能作用、稳定机制、变迁动因等进行分析，能够获得关于人类社会发展和运行的系统知识和理论，使人类能更有效地管理社会生活；还通过关注人的价值、精神、意义、情感等问题，使人类的心灵有所归依，从而形成一种对社会发展起校正、平衡、弥补作用的人文精神力量。

5. 决策功能

人文社会科学在制定政策、决策、咨询等方面，一是政策制定者和决策人使用人文社会科学知识指定政策与决策，二是委托人，如人文社会科学方面的智囊团、政策研究室或咨询机构完成社会政策制定与决策。

决策是对方案、策略和方法的选择，包括宏观决策、微观决策、政治决策、经济决策、科学决策、文化决策等。无论哪一种决策，既需要自然科学提供依据、技术科学提供工具，也需要直接运用人文社会科学知识如战略学、决策学、运筹学、政治学、经济学、军事学、哲学、管理学和逻辑学等等。

决策是否科学在很大程度上决定着事业的成败，人文社会科学的这一决策功能在于它形成思想而为政策提供理论指导和依据，或为解决社会和经济的矛盾设计对策，或搜集各种社会信息、数据，提出各种综合性调控模式与手段，或是利用人文社会科学知识培育和提高决策与管理者的基本素质和管理能力。

6. 创新功能

首先，人文社会科学的理论创新是制度、科技、文化和其他方面创新的前提，在实践基础上推进理论创新是其他创新的需要，是社会发展的变革的需要，是实践服务和创新的需要，也是人文社会科学自身不断发展的需要。

其次，在正确的人文社会科学理论指导下，人的思想、观念、思维方式培养和训练的变革，将导致人文社会科学理论的创新和发展，进而推动社会革命、社会形态的变革、人的思维方式的变化，为新起点的理论创新铺垫基础。

最后，人类社会的进步是科技和人文社会科学共同进步的产物，任何技术的进步都无法单独支撑起人类社会进步的大厦。四大文明古国，它们之所以能在鼎盛时期创造出最为辉煌的技术创新成就，关键就在于其先进的人文社会科学孕育出了深厚的文化底蕴；工业革命之所以产生在欧洲，并不仅仅是因为欧洲那时拥有更多、更聪明的科学家和发明家，而是因为欧洲经历了文艺复兴、启蒙运动这样的社会思想变革，这种变革中所孕育的人文精神和资本主义制度体系的思想，为欧洲18世纪开始的产业革命，构建了一个适应技术创新的"人文社会科学平台"。

四、人文社会科学的研究范畴

人文社会科学在前科学、学科分化和独立发展、综合科学知识群三个发展阶段，逐步产生和形成约 20 个相互分化、互相联系和独立发展的学科，这些学科的研究范围和基本范畴如下。

哲学　哲学是以世界整体为研究对象，以发现宇宙的一般规律，以确立系统化的世界观和方法论为基本任务。①范围包括世界哲学、中国哲学、思维哲学、逻辑学、伦理学。②基本范畴包括唯物主义、唯心主义、本体论、宇宙论、时空论、认识论、方法论、世界观、人生观、价值观、伦理、道德等。

宗教学　宗教学是以各类宗教为研究对象，试图认识宗教现象的本质，揭示宗教的发生和发展规律。①范围包括神话、原始宗教、佛教、道教、伊斯兰教、基督教、神道教、印度教、犹太教、拜火教、秘密宗教、术数、迷信、宗教史。②基本范畴包括有神论、超越神论、泛神论、一神论、创世论、天命论、灵魂论、拜物教、偶像崇拜、鬼神、冥界、宗派、教义、教规、经律等。

美学　美学是人与现实审美关系的学问，是在人类物质和精神生活基础上产生和发展起来的关于美、美感、美的创造及美育规律的科学。①范围包括美学流派、美学史、应用美学、环境美学、艺术美学、生活美学。②基本范畴包括审美主义、抽象主义、印象主义、形式主义、唯美主义、相对主义、结构主义、自然主义、应用主义等。

心理学　心理学是研究人和动物心理现象发生、发展、活动和行为表现规律的科学。①范围包括心理学方法、心理过程与心理状态、发生心理学、人类心理学、生理心理学、变态心理学、超意识心理学、个性心理学、应用心理学。②基本范畴包括心理、机能、精神、行为、情绪、情感、感觉、知觉、表象、想象、潜意识等。

社会学　社会学是从社会整体出发，通过社会关系和社会行为来研究社会结构、功能、发生发展规律的综合性学科。①范围包括社会学方法、社会组织、社会教育、社会调查、统计、社会关系、人口学、管理学、民族学、人才学、劳动科学等。②基本范畴包括人学、人际关系、集体、团体、民族、氏族、公共关系、组织管理、社会结构、社会思潮、社会行为、家庭、婚姻等。

政治学　政治学是以政治关系为研究对象，探讨各种政治关系的本质联系及其发展规律的科学。①范围包括政策科学、政治史、政党派别、共产主义理论、工人运动、农民运动、学生运动、世界政法、中国政治、外交学、国际关系理论等。②基本范畴包括阶级、阶级矛盾、阶级斗争、社会阶层、利益集团、革命、国家、政治制度、政治体制、行政管理、政党、民族解放运动、殖民地、国际主义、爱国主义、社会主义、法西斯主义、无政府主义、自由主义、专制、民主、人权、平等、博爱等。

法学 法学是研究"法"这一特定社会现象及其发展规律的科学。①范围包括法理学、宪法学、行政法学、民法学、经济法学、刑法学、诉讼法学、司法制度、犯罪学、刑事侦查学、法医学、中国法、各国法律、国际法等。②基本范畴包括法理、法制、法治、立法、司法、国法、诉讼、案例、证据、证人、审制、辩护、回避、仲裁、劳动教养、司法鉴定、公证、律师、违法、犯罪等。

军事学 军事学是以战争为研究对象,研究战争的本质和规律,并用来指导战争的准备与实施的科学。①范围包括世界军事、中国军事、各国军事、战略学、战役学、战术学、军事技术、军事工程、军事地理学等。②基本范畴包括军人、军队、兵种、兵法、战备、演习、边防、海防、空防、兵役、军法、陆军、海军、空军、公安、武警、战争、和平、冷兵器、热兵器、原子武器、战略战术等。

经济学 经济学是研究人类经济行为及如何将有限资源进行合理配置的科学。①范围包括经济思想、世界经济、各国经济、中国经济、经济计划、经济管理、农业经济、工业经济、交通运输经济、旅游经济、邮电经济、贸易经济、商品学、财政、金融、保险学等。②基本范畴包括经济规律、生产力、生产关系、生产方式、必要劳动、剩余劳动、价值规律、价格、剩余价值、收入、分配、消费、宏观经济、微观经济、商品、货币、资本、成本、利润、市场、经济效益、经济机制、私有、股份、国有、垄断资本、经济危机、工资、奖金、扩大再生产、宏观调控、所有制等。

文化学 文化学是以各种文化为研究对象,探讨文化现象和本质、文化事业原理,文化传播与交流一般规律的科学。①范围包括世界文化、各国文化、中国文化、新闻、广播、电视、传播学、出版业、群众文化、图书馆、博物馆、档案事业等。②基本范畴包括文化、文明、传统文化、现代文化、媒体、精神文化、制度文化、文化市场、文化产业、文化交流、信息资源、信息传播、新闻、通讯、报道、采访、记者、编辑、报纸、杂志、出版物、节目制作、视听、网络、发行、图书、阅览、读者、借阅、展品、文物、陈列、展览、修复、收集、整理、保护等。

科学学 科学学是一门以整个科学技术事业为对象,研究科学技术自身以及科学技术与经济、社会相互关系的客观运动规律和科学。①范围包括科学研究工作、世界各国科研事业、中国科研事业、科学体系、科学能力、科学社会、科学经济、科学逻辑、科学心理、科学伦理、科学美学、科学战略、科学规划、科学政策、科学体制、科学方法等。②基本范畴包括科学、潜科学、软科学、知识学、未来学、创新学、专利、科研基金、科研成果等。

教育学 教育学是以各类教育为对象，研究人类教育现象和本质，揭示一般教育规律的科学。①范围包括教育思想、思想政治教育、德育、教学理论、电话教育、教育心理学、师生组织管理、教育行政、学校管理、学校后勤总务、世界各国教育、中国教育、各级教育、各类教育等。②基本范畴包括学校、课堂、考试、试卷、教学、实习、备课、上课、评卷、命题、实验法、讲授法、推荐、选拔、奖学金、教务、学籍、教师、学生、升学、留级等。

体育学 体育学是以体育运动为对象，研究体育科学体系及其发展方向，揭示体育运动一般规律的科学。①范围包括体育哲学、世界各国体育、中国体育、体育社会学、运动场地、运动设备、运动技术、田径运动、体操运动、球类运动、民族体育、武术、文体活动、各类运动等。②基本范畴包括田赛、径赛、运动员、教练员、裁判员、运动训练、体育锻炼、体育馆、锦标赛、杯赛、邀请赛、对抗赛、等级赛。

语言学 语言学是以人类语言为研究对象的科学。①范围包括语言学基础、汉语、少数民族语、历史语言、比较语言、语文、世界语、各国语、语言结构、语言运用、语言功能等。②基本范畴包括语言、文学、方言、音标、声调、语音、象形字、表音字、字母、同义词、多义词、反义词、熟语、俗语、外来语、语法、修辞、写作、文体、标点、声韵、翻译、训诂、音韵等。

文学 文学是以语言文字为工具，塑造典型的人物形象和社会生活情景，以表达作者思想感情，感化教育读者的艺术。①范围包括世界文学、中国文学、古代文学、近代文学、现代文学、当代文学、诗歌、小说、散文、戏剧、话剧、曲艺、民间文学、儿童文学、宗教文学、网络文学等。②基本范畴包括山水文学、田园文学、人物形象、语言风格、题材、主题、文章结构、情节、作品评论、作品鉴赏、体裁、文学评论、文学批评、全集、选集、文集、剧本、剧种、长篇、中篇、短篇、故事、杂文、小品文、散曲、诗词等。

艺术学 艺术学是以人类文化学与美学为理论基础，以各门艺术为研究对象，反映生活与思想感情，揭示艺术现象与本质特征的科学。①范围包括世界艺术、中国艺术、各国艺术、绘画、书法、篆刻、雕塑、摄影艺术、工艺美术、艺术设计、音乐、舞蹈、戏剧艺术、电影电视艺术等。②基本范畴包括艺术思想、艺术美学、民族化与大众化、艺术与现实、普及与提高、内容与形式、艺术创作、题材、主题思想、透视学、色彩学、艺术解剖、艺术技法等。

历史学 历史学是以人类社会历史为研究对象，记录和撰述人类历史活动，揭示人类社会发生发展规律，为人们提供历史借鉴的科学。①范围包括世界史、中国史、亚洲史、欧洲史、非洲史、美洲史、大洋洲史、各国史、传记、文物考古、风俗习惯、民族史等。②基本范畴包括历史观、年代、史料、历史研究、考订、辨伪、历史分期、纪传体、编年体、纪事本末体、史学史、古代史、中世纪史、近代史、现代史、历史文献、历史事件、地方志、总志、文物考古、地下发掘、田野考古、甲骨文、金石铭文、遗址、陵墓、墓葬、节日、时令、礼仪风俗等。

地理学 地理学是以地球表面的自然现象和人文现象为研究对象，揭示人类与地理环境、自然资源相互关系的科学。①范围包括地理学、世界地理、中国地理、各国地理、地图学、经济地理、历史地理、自然地理、人文地理、区域地理、军事地理、政治地理、医学地理、化学地理等。②基本范畴包括冰川、冻土、动物、植物、构造、地质、资源、环境、土地、人种、人口、聚落、城市、村落、名胜古迹、游记、旅行、疆界、行政区域、城市、村落、风景名胜、水文、地貌、气候、物产、资源等。

管理学 管理学是一门综合性的交叉学科，是以各类管理活动为研究对象，揭示管理活动的基本规律和一般方法的科学。①范围包括事业管理、公共管理、资源管理、劳动力管理、行政管理、科研管理、经济管理、物资管理、财务管理、金融管理、组织管理、企业管理、人才管理、信息管理、流通管理。②基本范畴包括计划、组织、协调、控制、决策、资源配置、劳动力、技术系统、经济组织、责任、权力、利益、分工、协作、目标、任务、选拔、录用、集权、分权、均权、企业、效率、经营、经济预测、统筹安排、全面调度、标准化、产品、领导、激励机制、质量、数量、成本、市场、销售、测算等。

文献学 文献学是以各类文献为对象进行分析、整理研究，揭示文献性质、内容和发展规律的科学。①范围包括校雠、目录、版本、辑佚、辨伪、考据、文献类型。②基本范畴包括图书、专利、收集、整理、分类、检索、计量、情报、信息、连续出版物、参考资料、内部资料、文献调研、文献分析。

第二节 研究方法与技术

研究方法是指分析、论证、解释所研究问题时的思维方法，属于认识论范畴。没有正确的研究方法，就不能深入认识事物的本质，揭示其客观规律；没有正确的研究方法，就不能有所发现、发明和创新，也难以获取理想的研究成果。在研究和解决一个问题时，很难说只用了一种方法，同一项研究的各个部分可分别采用不同的研究方法。只有发挥各种方法的互补、互相协调特性，才能揭示研究对象各个侧面或各个层次的特殊规律，进而证明总论点。人文社会科学常用的研究法如下。

一、研究方法

经济管理类常见的专门研究方法有计量经济法，法学常见的专门方法有历史考证法、比较分析法、社会分析法、规范解释法、经济分析法等，文艺学类常见的专门研究方法有"文学—历史"批评法、社会批评法、传统研究法、精神分析法、原型批评法、符号学研究法、俄国形式主义研究方法、英美新批评法、结构主义法、阐释学法等，汉语言文学专门研究方法有推理与议论法、证明与反驳法，历史学常用传统考据、考证、考订、比较等方法，心理学专门研究方法有观察法、调查法、实验法、个案研究法、行为研究法等。

1. **哲学方法**

哲学方法是从世界观和方法论角度对所要探讨的问题进行辨析，该方法也对其他研究方法具有指导作用。哲学方法包括唯物与唯心主义哲学方法，最科学的是以事实为根据的唯物辩证法。唯物辩证法能使研究者立足于客观现实、遵循客观规律、坚持事物的发展规律，选择和全面分析事实与问题，避免主观武断和片面性判断，得出正确的符合客观规律的研究结论。

2. **归纳方法与演绎方法**

归纳是从个别到一般的方法，是从众多的个别经验事实中找出具有普遍特征、概括出一般性结论与原理的认识方法，因而是各门学科在经验材料积累的基础上，总结出科学定理或原理的一种重要方法。但归纳必须建立在事实可靠、理由充分的大量的个别事实的基础上，否则就难以通过归纳得出科学的结论与原理。例如，人们总结我国经济建设的经验教训时发现，20世纪50年代前中期注意按经济规律办事，经济得到了稳步的发展；60年代前期注意按经济规律办事，经济得到了很快的恢复和发展；十一届三中全会以来采取了一系列符合实际的政策和措施，经济又开始恢复并健康向前发展。从而得出"只有按经济规律办事，我国经济才能得到发展"的结论。

演绎是从一般到个别的方法，即从一般性原理、概念引出能够解释个别事物现象或本质的结论。演绎的主要形式是三段式、即以大前提和小前提推出结论，推出的结论是否正确，取决于推理的前提是否正确，推理的形式是否合乎逻辑规则。因此，进行演绎推理的前提必须真实，演绎过程必须遵守严格的逻辑规则。例如，由人无完人、凡是人都会犯错误，可以推测出所有人都不是神，所以都有犯错误的时候。

3. 分析方法与综合方法

分析是认识事物本质的一个必经的步骤和必要的手段，就是将客观对象或复杂的事物，按照一定的规律分解为简单的各个部分、方面、特征和要素，再分别加以研究、认识、综合与归纳的一种思维方法。分析与综合是辩证统一的关系，只有将两者结合起来，才能成为一个完整的、科学的逻辑方法。

分析就是从实际出发、揭露矛盾和认识矛盾的过程，重点在于辨析清楚事物各部分在运动变化中的地位、作用及其与其他部分的联系。因而，分析的任务不仅仅是将整体分为部分，更重要的是通过对所分析的对象进行实事求是的系统周密的调查研究，透过现象深入事物内部了解它的细节、内部结构和内在联系，抓住本质，通过偶然性把握必然性。

综合是与分析相反的一种思维方法，它是在分析的基础上，将客观对象的各个部分、方面、特性和因素的认识联结起来，形成对客观对象统一和完整的认识，从而把握事物的内在联系及其规律性。综合不是简单、任意、主观和臆造地将事物各个部分、各方面相加与凑合，而是按照对象各部分间的内在联系与规律，从整体上把握事物的本质和整体特征。

4. 历史方法与逻辑方法

历史既是客观现实的历史发展过程，又是客观现实反映人类认识的历史发展过程；逻辑是指人的思想对上述的历史发展过程的概括和反映，历史事实则是逻辑的客观基础。逻辑和历史的相互关系，归根到底是哲学基本问题在科学认识中的具体体现。历史的和逻辑的方法具有互补性，但使用时可根据需要而偏重于逻辑的方法或历史的方法。

要在对历史自然进程描述的同时揭示其发展规律，就必须使用逻辑分析法。对历史的描述必须以逻辑为依据，离开逻辑来描述历史，就分不清主流和支流、现象和本质，会将历史过程当做一些偶尔事件的堆积。在进行逻辑分析时，必须以历史实际及其发展过程为依据，离开了历史也就会使人的认识失去了客观依据，难以对事物进行系统的分析和认识。

任何科学理论体系、研究成果的建立，都离不开采用逻辑和历史方法进行系统化和整体化。一个系统化的理论体系，是具有内在联系而不是主观结构的逻辑系统，既能反映客观对象的历史发展过程，又符合严密的逻辑思维规律。

5. **比较分析法**

比较分析法又称类推或类比法,是在对事物或者问题进行区分的基础上,认识其差别、特点和本质的一种辩证逻辑方法。在资料不多,还不足以进行归纳和演绎推理时,比较分析法更具有价值。比较分析法包括纵向比较、横向比较、经验教训比较、正反比较、各种异同的比较。要在分析和解决问题时采取哪种比较分析法,可视研究需要而选择。

二、自然科学研究方法的借鉴

随着自然科学与人文社会科学研究对象和任务的交叉、融合,自然科学研究方法如数学法、实验法、系统法、信息与控制论等在人文社会科学研究领域中得到了广泛应用,如耗散结构、协同学说、突变论等对人文社会科学研究的借鉴价值也与日俱增,但也存在着滥用自然科学方法的盲目行为。在人文社会科学研究中,为能正确地借鉴自然科学方法,必须注意如下问题。

(一) 如何借鉴自然科学研究方法

第一,人文社会科学方法与自然科学方法能够融合。只有自然科学方法与具体的人文社会学科方法进行合理的融合与对接,才能解决人文社会科学中的实际问题,否则将是自然科学方法的胡乱使用。如在古籍研究中,一方面可使用自然科学方法进行统计、归纳;另一方面可使用考据、文字校勘方法对古籍进行辨伪整理,使用社会批判方法对古籍进行价值研究。如果不实现自然科学的统计方法与考据方法、社会批判方法的对接,关于史籍的研究将永远得不到一个较完整的结论。

第二,实现自然科学方法的"再创造"。即可通过一系列人文社会科学化的手段,延长自然科学方法的使用范围。①提高自然科学方法的抽象化程度;自然科学方法具体而精确,在面对较复杂的人文社会研究对象时,就需要一种灵活的抽象概括能力,将其转换为一种较普遍的思维方法。如系统论方法就是在自然科学方法的基础上,经过再创造而来的具有一定抽象意义的自然科学方法,因而它比一般的自然科学方法在社会科学研究中的作用要大些。②建立广义实验;广义实验源于实际观测,其结果可以反复与实际或实践核对。这种广义实验模型有助于反映社会因果关系中的不确定性,并且随着自然科学研究重心向生物学与信息科学转移,自然科学也面临着具有复杂又不确定性的研究对象,这就使得社会科学研究与自然科学研究具有相似性,从而为社会科学与自然科学研究方法之互通提供条件。

第三,将自然科学方法在人文科学上具体化。①应用自然科学方法时要注重被研究对象的历史性,任何一项社会科学研究活动都具有特定的历史条件,要在社会科学研究中使用自然科学方法,并避免形式主义的错误,则必须将被研究对象放在特定的历史条件下进行研究。②应用自然科学方法时要注重人文社会科学中被研究对象的社会性,以避免在使用自然科学方法当中发生表面化的倾向,即人文社会科学的表现方式(如语言、符号等)、内容、规模、关系等具有社会性,这种社会性不仅要求关注影响被研究对象的各种因素及其相互关系,而且要求对被研究对象的社会关系进行清晰的梳理。③关注被研究对象的价值性,即指主观性、一维性和意义性。社会科学研究对象的价值性往往隐藏于被研究对象的深层,应用自然科学方法时既要有独特性、差异性思维准备,也要进行符合人文社会科学价值现象的研究分析。

(二)常用的自然科学研究方法

在人文社会科学研究中,数学法和实验法是最常用的自然科学方法,这两种自然科学研究方法在与人文社会科学方法的结合当中已得到了拓展和发展。

1. 数学方法

数学方法是指使用数学语言来表达客观事物的状态、关联和过程,经推导、演算和分析以形成判断、解释和结论的方法。

基本特征 ①数学方法具有高度的抽象性。尽管任何分析都需要进行抽象,但数学的抽象是一种极度的抽象,它只保留了客观事物量的关系和空间形式而舍弃了其他众多特征。在这一特殊的抽象形式中,均以符号形式表述各种量、量变及数量间所进行的推导和演算,形成了一种完全脱离内容的符号形式系统;这种特殊的符号系统,可使研究者不求助于直接经验和体验,在纯粹化状态下、保持逻辑程序的相对独立性,从相应的命题体系中推出深入而严密的结果。②其精确性在于逻辑的严密性和结论的确定性。数学的一切结论皆源于严格的逻辑推理,其结论具有逻辑上的必然性和量上的确定性,因而,数学方法赋予了自然科学及人文社会科学相应研究的逻辑程序上的可靠性。③数学方法具有应用的普遍性。数学方法的抽象性使其成为不受任何具体内容局限的研究工具,其精确性使得研究者们能够从定性分析进入定量分析,因而数学模型方法在研究中具有不可替代的作用。

数学模型 就是在客观世界的现实系统和数学符号系统之间建立起一种对应关系,广义的数学模型包括一切数学概念、数学理论体系、各种数学公式及其计算系统等；狭义的数学模型是那些针对具体事物的特征或数量关系，采用形式化的数学语言，并近似地将其表达为一种数学结构的方式。在信息时代，只要某一问题能够被形式化为数学模型，就可以在计算机上加工处理。人文社会科学广泛使用的数学模型主要有确定性数学模型和随机性数学模型等，前者常用经典数学的方程式、关系式或网络图表示，在经济学中尤以微积分方程用得最多；后者用概率论、过程论、数理统计等方法，建立用以描述某类现象各种可能结果分布规律的随机性模型，在经济学中这类模型被称为计量经济学模型。

应用与发展　人文社会科学运用数学方法的过程是一个不断尝试的过程。从19世纪上半期开始，人文社会科学家开始应用由自然科学家所使用的传统数学方法。20世纪40至60年代 K. J. 阿罗、G. 德布鲁、T. C. 库普曼、W. 里昂惕夫、L. V. 康特罗维奇、J. C. 豪尔绍尼、J. F. 纳什、R. 泽尔滕等经济学家，将包括集合论、拓扑学、数学规划、博弈论等新的数学工具引进了经济学。在历史学中，自20世纪上半叶开始使用计量史学（thequantitativehistory）方法，到60年代，由于计算机的广泛应用，历史学研究中的计量化进程获得了更快的发展。

2. 实验方法

实验方法主要是自然科学所使用的研究方法，它是研究者根据特定的目的，运用一定的科学仪器、设备、操作技术等手段，在人为控制条件下或对客观事物进行某些改变的条件下，获取改变后事实与结果的一种方法。实验方法是进行分析与综合的前提，实验方法一般在人为控制的条件下进行，它能在尽量消除外界影响并使结果在已知的条件下发生，因而具有简化和纯化研究对象、可重复性、可模拟性，并可获得更为精确可靠的事实等特征。

19世纪中叶，人文社会科学在心理学领域开始使用实验方法，最早应用于心理学的是四位德国心理学家，即 H. 赫尔姆霍茨、E. 韦伯、G. T. 费希纳和 W. 冯特。实验经济学问世于1948年20世纪40年代末，哈佛的 E. 张伯伦为了研究垄断竞争现象而在经济学中第一次组织了实验研究（V. 史密斯也参加了该研究）。此后，V. 史密斯不仅对该方法进行了改进，还将研究领域从垄断竞争市场机制拓展到了拍卖市场等方面，终于创立了"亚利桑那实验经济学学派"，20世纪90年代初，该学派出版了第一部标志着实验经济学已达到成熟状态教科书。D. 卡尼曼所研究的经济问题包括不确定条件下如何判断重要因素、如何决策和预测等，并建立了"行为经济学"。V. 史密斯和 D. 卡尼曼采用实验法所取得的研究成果，不仅在经济学界产生了广泛的影响，而且还在人类学、医学、生理学、认知科学、管理学等众多领域被广泛利用。

第三节 选题与研究

人文社会科学研究也是一项系统性的科学活动,也同样涉及研究选题、资料收集等问题,要进行有效、可信、有创造性研究,必须对选题和研究过程进行精心的构思与设计,对研究的具体程序、操作方式等做出周密、细致的规划,然后将所要研究的概念具体化、定性或定量化,并对研究各部分或细节的描述、记录制订具体的规定。

一、科学地选择研究课题

人文社会科学研究的题材实践性强,社会生活、经济建设、科学文化事业的、各个领域的问题,都可以成为研究选题。因此,选题必须独具慧眼,同时还要注意以下问题。

1. **理论联系实际,注重现实意义**

注意选题的实用价值 选题的实用价值在于和社会生活密切相关、为千百万人所关心的问题,特别是社会发展中一些亟待解决的问题。这类问题是一定历史阶段社会生活的重点和热点,是与广大人民群众的利益息息相关的,研究该类问题不仅能使所学知识在实际中得到使用,而且能提高研究者分析问题和解决问题的能力。具有现实意义的选题有三方面来源:一是社会发展中亟需回答的重大理论和实践问题,如新农村建设、抑制通货膨胀、生态文化、科学发展、民主法制建设、廉政建设等等。二是本地区、本部门、本行业在实践工作中遇到的理论和现实问题,如农业工作者遇到的诸如农村土地规模经营、基层党组织建设、青少年的教育、社会治安综合治理、乡镇企业技术改造等问题。三是研究者在实践中发现的理论和现实问题,如高校学生思想政治工作、学生实践技能、高校领导方法和艺术、文明道德教育等问题。

选择具有现实意义的题目 一是关系国家发展的,有关国计民生的重大问题;如改革开放后关于实践是检验真理的唯一标准、党的工作重心、农村联产承包责任制、吸收外国的经验和技术、引进外资、打击刑事犯罪等问题。二是大众普遍关心或期待解决、或有疑虑而需要进行理论探讨和解答的问题;如经济体制改革中诸如工资改革、劳动就业、社会保障制度与改革、公费医疗制度与改革、物价调整、住房制度改革、城镇建设等具体政策及题材小却关系着千家万户的如农村居民户口城镇化、农民工社会保障、区域性粮食供给与保障、独生子女教育等问题。三是具体且具一定发展倾向，又未引起社会重视的问题；如农村土地集约经营、提高村官文化层次、农村致富带头人的作为、农村非耕作用地、小城镇建设规划、富裕与贫困分化等问题。

注意选题的理论价值　在选择现实性较强的题目时，也要尽量考虑其有无普遍性的意义，即理论和认识上的价值，能否进行理论的分析和综合、从个别上升到一般、从具体上升为抽象。有些题目也并不一定直接与现实挂钩或有直接的实际用途，如历史问题、古籍问题、外国问题等，但从发展的眼光看，这些题材能够表示某种趋势，或对现实有借鉴的作用，因而也就具有理论价值。

2. 勤于思索，刻意求新

选题与研究成功与否、质量高低、价值大小，很大程度上取决于研究内容是否有新意，即能否提出新看法、新见解和新观点。

第一，具有全新的观点、题目、材料及论证方法，这类选题和研究结果肯定有较高的价值和社会影响。但这一类选题，研究者作者必须有扎实的理论功底和总结经验，且能对某些问题进行相当深入的研究。

第二，以新的材料论证旧的课题，从而提出新的或部分新的观点、新的看法。如社会基层的组织建设，已提出了大量的研究成果，是个老题材。若能针对私营企业，收集大量的第一手新材料，进行有关党建问题、员工社会保障、劳酬关系等研究，则肯定能令人耳目一新。

第三，以新的角度或新的研究方法重做已有的课题，从而得出全部或部分新观点。如关于职工思想政治工作这个题材，有人针对近几年来建筑业大量使用农民工，使职工队伍结构发生了转化，农民从小生产者向产业工人转化，从农村向城市转化，分析论证了农民合同工的思想特征以及对整个建筑队伍思想的影响，提出了建筑行业思想政治工作的方法和措施，这样的研究同样具有新意。

3. 其他注意事项

量力而行，选题适度　知识和能力的积累是一个较长的过程，不可能靠一个研究或总结就突飞猛进。所以选题的方向、大小、难易应与自己的知识积累、分析问题和解决问题的能力，总结与写作经验、资料的来源及获取资料的难易程度相适应。

难易适中，大小适度　选题的难易要适中，选题既要有知难而进的勇气和信心，又要量力而行。只要自己具备了一定的能力和条件，选题则不应过于简单。反之，若仅着眼于学术价值较高、角度新颖、内容引人注目的选题，而这样的选题又超过了自己的能力范围，很可能陷入半途而废的被动境地；

可以在新问题中直接选小题目，或在大题目中选择小的论证角度进行研究。如，论农民权益的保障、论农民经济权益的保障、论农民土地经营权益的保障三个选题。第一个题目显然太大，因为农民权益包含的内容十分广泛，难以在一个研究中全面涉及；第二个题目要小一些，但经济权益包含的内容仍较复杂，研究和论证起来还嫌太大；第三个题目，抓住了农民经济权益中的土地经营权这一点，角度小，针对性强，容易深入研究。

不赶时髦　选题千万不能随大流或者赶时髦，研究自己并没有弄懂或没有条件研究的问题。若只接触到一点古希腊的材料，收集到几个新名词、新概念，为了"求新"，一鸣惊人，就将别人的东西照搬过来、东拼西凑，研究结果当然是以失败而告终。

二、收集和整理研究资料

人文社会科学的资料是进行研究和写作论文的基础，没有资料或资料不全面，研究将无从着手或观点无法成立或观点片面。所以，详尽地占有资料是完成研究工作的一项极为重要的工作。

（一）资料搜集的范围

背景材料搜集和研究相关的背景材料，有助于开阔思路，进行全面分析，提高研究和论文的质量。例如，要研究马克思的商品理论，不能只研究他的著作，还应该全面搜集他当时所处的社会、政治、经济等背景材料，从而取得较深入的研究。

第一手资料　人文社会科学的第一手资料包括与选题和研究直接有关的文字、数字、图表、统计、典型实例、经验总结等资料及研究者亲自从实践中获得的调查材料。第一手资料是研究者提出论点的关键依据，否则所进行的研究或撰写的研究论文将毫无实际价值。收集第一手资料时，既要全面，也要注意辨析其真实性、典型性、新颖性和准确性。

他人的研究成果　即国内外与选题相关的最新研究动态。所有研究和论文的撰写不是凭空而来，肯定建立在他人研究成果的基础之上，否则将因情况不明，自己的研究或对某问题的认识水平将远低于前人。他人已经解决的问题应不再重复研究，可在他人研究的基础上得到启发、借鉴和指导；对于他人未解决或未圆满解决的问题，则可再继续研究和探索。

边缘学科的材料　在信息时代，人类的知识体系大分化、大融合，传统学科间的分界逐渐被打破，出现了令人眼花缭乱的分支学科及边缘学科。努力掌握边缘学科的材料与研究方法，可使我们的视野更开阔、分析方法更多样，对于所要进行的研究大有好处。如要研究经济学的有关选题，掌握和使用管理学、社会学、心理学、人口学等学科知识和技术，知识面、思路和研究水平将能得到极大的提高。

名人的有关论述、相关政策文献等　多数情况下名人的论述极具权威性，对准确有力地阐述研究者的述论点大有益处；国家、党的有关方针、政策既对研究和结论具有指导作用，又能折射出现实社会中面临的多种问题。因此，要研究现实的社会问题都必须占有这方面的材料，以便为国家的政治、经济、文化建设建言献策，拾遗补缺。

（二）资料搜集和整理

资料的收集和整理方法很多，在使用时可根据个人的喜好选择使用，但必须注意的是应科学地对所收集的资料分类，以便于查阅和利用。

1. **资料搜集**

做卡片　使用卡片搜集资料，易于分类、保存和查找，并且可分可合，可按研究要求随时进行组合，便于利用和分析。

剪贴报刊　将有用的资料从报纸、刊物上剪下或复印下来，再进行分类、粘贴在笔记本或活页纸或卡片上，这种方法可以节省抄写的时间。

利用信息工具　许多网页、数据库都收集有很多人文社会科学方面的资料和信息，可针对研究选题利用相应的检索词，进行查找、归类和利用。

做笔记　人的记忆能力是有界限的，阅读书报杂志、搞调查研究，随时记录所得资料、内容及其来源，或有关的感想体会、理论观点、灵感等，对于研究大有裨益。但记录时最好在所记录的页面处留出空白纸面，以便填写对该记录的用途、理解、评价和体会。

无论是用何种形式收集资料，都必须注明资料来源。若是著作，则要注明作者、书名、出版单位、发行年月；若是报纸，则要注明作者、篇名、版次、报纸名称、发行年月日；若是杂志，则要注明作者、篇名、杂志名称、卷（期）号、页码等，以便研究和撰写研究论文时使用。

2. **资料分类**

主题分类法　按照一定的观点对资料进行分类和编组，其中的观点可为综合性、或研究者自己拟定的观点。如要研究中国森林文化成语问题，可拟订森林文化成语的来源与多样性、成语的历史特征、成语的语言风格、成语的传播利用四个分类主题，这样就可以通过分类加深对所收集资料的认识，并使认识条理化、系统化。

项目分类法　即按照资料所具有的属性，进行分项和归类。包括：①经典作家、名人言论；②概念理论类项目；③科学的定义、定理、公式、法规；④一般公理、常识、成语、谚语、警句、名言；⑤资料作者本人的观点，具体包括个别事例、资料作者所引用的古今中外的事实、人物活动、言论、诗词等事实类项目，各种统计数字、图表，资料作者的片断论述及研究者本人的感想，考察所得随想，调查所得数据与资料，零星的文字记录等。

3. 资料的辨析与选择

辨析资料的适用性　这里的适用性在于所选择资料的只能围绕研究主题或论文的中心论点，研究主题及中心论点一旦确定，就是包括资料在内的一切素材的统帅。不能充分说明问题的、牵强附会的、模棱两可的资料与解释，均不能统统塞进研究论题或文章当中，使研究结果臃肿庞杂、中心论题模糊不清，更难以突出。如，在"寺观园林风格特点初探"一文中，作者罗列了大量的有关寺观园林变迁的资料，却没有能够反映寺观园林风格特点的资料，其中心议题被淡化、论文质量不高。

辨析资料的全面性　如果材料不全面或缺少了某一方面的材料，对主题的论述也不会圆满和全面，肯定将会偏颇、有漏洞，或由于证据不足而难以自圆其说。如，"浅论厂长负责制与职工民主管理"一文，作者只搜集了两者互相依赖、互相促进的资料，没有搜集两者存在矛盾的资料，结果对主题只论述了一半，如何处理好两者矛盾却被疏漏了。

辨析资料的真实性　资料真实与否直接关系着研究或所撰写论文的成败，只有从真实可靠的资料中才能引出科学的结论。在评价资料的真实性时：①要尊重客观实际，避免先入为主的思想，选择资料不能夹杂个人的好恶与偏见，不能歪曲资料的本来面目。②所选资料要有根有据，第一手资料必须有清楚的来源，第二手资料必须与原始文献认真核对、以求其可靠性。③对资料来源必须进行辨别，弄清原作者的政治态度、生活背景、写作意图，并加以客观的分析评价；如就不能将西方对我国具有顽固偏见的论点、学说、论述等，拿来作为考量我们自己行为的可靠资料。

辨析资料是否新颖　资料的新颖一是前所未有，近期才出现的新事物、新思想、新发现、新方向；如"农村股份合作制经济初论"一文，论述当时中国新出现的农村股份合作制经济中的新动向，在当时就是新资料。二是某种事物或思想虽早已存在，但人们尚未发现其价值，这同样是新颖的资料；如"试论人口与经济的循环"一文，人口与经济的关系早已存在，它们之间存在着良性循环和恶性循环这也是客观事实，该文揭示出了前人几乎没有认识的，两种循环所带来的两种根本不同的后果，从而阐明了控制人口的重要性，不失为一种新颖的资料。

辨析资料的典型性 资料的典型性是指选取的材料对于研究者所要证实或论证的观点具有充分的代表性或说明性。如恩格斯在"论权威"中，选择了纺纱厂、铁路、航海三个例子作为论据。第一个论据阐述得最详细，第二个论据比较概括，第三个论据只是轻轻一笔，没有用更多的阐述，就说明了"一方面是一定的权威，不管它是怎么样造成的；另一方面是一定的服从。这两者，不管社会组织怎样，在产品的生产和流通赖以进行的物质条件下，都是我们所必需的"。其支持论点的材料不多，但选材十分精悍典型，在逻辑上也具有无可辩驳的说明力。

三、论述要有的逻辑性

人文社会科学是以研究论文、报告的形式反映研究成果，与自然科学研究相比较，数据资料及其相应的分析常较少，因而辨析和论述上的逻辑性尤其重要。以其研究论文为例，在逻辑性方面应注意的问题如下。

1. 内容与逻辑

一篇研究论文，应当是内容和形式的统一。内容是指主题和材料，形式是指逻辑结构和语言表达；研究的内容固然起决定作用，但论文的形式也不可忽视。众所周知，人们要进行思维，就要使用概念、判断、推理等思维形式，这些思维形式既是人类用来反映客观现实的手段，又是构筑论文的基本方法。

在论文的逻辑性当中，研究内容之间的逻辑联系占有重要地位。它既是作者思维逻辑联系的具体表现，又是作者所论述的客观事物的逻辑联系的具体表现，对于增强论文的逻辑效果和说服力也有着重要的作用。

因此，在撰写论文的过程中，应当遵守逻辑的基本规律，自觉地将这些基本规律贯穿于研究的各个环节和整篇论文当中。第一，研究内容符合客观实际，能够令人信服；第二，概念明确、判断恰当、推理连贯；第三，论文各内容之间有着密切的逻辑联系，全篇论文是一个统一的整体。

2. 论文内容间的逻辑结构

亦即论文所反映的事物和事理的整体及其各部分之间的联系方式，主要表现为互相交织的纵向逻辑和横向逻辑联系，这种表现有三种形式。

纵式结构 即纵向逻辑联系，是指总论点、分论点和小论点之间的逻辑顺序以及分论点、小论点之间的逻辑顺序。论文内容之间的纵向逻辑联系或纵式结构，其特点在于论文的思想体系纵向而展开，即整篇文章的开头、中间、结尾要具有一种不互相冲突的严谨的内在联系。当然，一篇论文为了阐述总论点，肯定需要列出几个围绕总论点的分论点。每个分论点可扩展为一个部分，各个分论点之间、各个部分之间应有内在联系；每个分论点又可分为数个围绕分论点的小论点，每个小论点又能扩展为一个段落，每个小论点、各个段落之间也应有内在联系。这样，全篇论文的纵向逻辑联系就体现了出来，论文就具有了完整的体系和严谨的结构。

横式结构　即指论点和论据、观点和材料之间的横向逻辑联系或横式结构。在一篇论文中只有总论点才单纯地作为论点或观点存在，而分论点和小论点既可作为论点或观点、也可作为论据和材料，用来说明小论点的材料则只能是材料或论据。论文要有较强的说服力、富有逻辑力量，最重要的是论点明确、论据充分、论证严密，能够揭示论点和论据的必然联系。因此，只有将总论点和材料有机地结合起来，论文才有生命力，才能具有无可辩驳的说明力；也要处理好分论点和材料、小论点和材料的关系，这不仅能直接证明分论点或小论点，而且能间接地突出总论点。

复合式结构　即论文内容之间的逻辑联系呈纵向与横向穿插，交织在一起。在具有这种结构的论文当中，根据需要有时以纵向展开为主，有时则以横向展开为主，但关键是要说明总论点。

四、形象思维与创造性

形象思维是在形象地反映客观事物的具体形状或姿态的感性认识基础上，应用意象、想象、直觉等来描述客观对象本身或揭示其本质的思维形式。形象思维一般不脱离具体形象，而意象、想象、直觉则是形象思维的主要表述工具。

意象　意象是对客观事物的一般特征的形象反映，它是在有关客观事物的印象、表象的基础上，经过形象分析和综合而建立起来的一种思维，主要以形象而不是抽象概念的形式来反映客观事物。

想象和幻想　想象是对记忆中的意象进行加工而获得的新意象或设想的思维过程，幻想是一种虚幻的、不切实际的想法或想象。想象和幻想赋予人们以丰富的想象力，但幻想能在更大程度上突破逻辑思维的束缚，表现出思维的偶然性、跳跃性和新奇性；因知识的有限性和束缚性，有时候想象力比知识更重要，是知识进化和提升的源泉。研究者可在想象中将捕捉到的模糊设想借助逻辑推理而将其化为具体的命题和假说，使想象或幻想表现出极大的创造性。在人文社会科学，如心理学、美学、文学艺术等领域中，想象和幻想是表述形象思维的工具，或直接塑造艺术形象。

直觉、灵感和顿悟　直觉是不受逻辑思维约束而直接领悟事物本质的一种思维方式，它是一种高度复杂的思考现象，并常于"灵感"或"顿悟"相互联系。在直觉中，思维具有一定的跳跃性，但"灵感"或"顿悟"却有偶然性和随机性。自然科学和人文社会科学家在紧张而长期的逻辑思维的苦思冥想过程中，不容易产生直觉、灵感或顿悟，但却为它们的产生做好了准备。许多难以解决的难题就来自经过长期准备的直觉、灵感或顿悟，但由直觉、灵感和顿悟所产生的创造性成果，是研究者长期以来显意识与潜意识、形象思维与逻辑思维相结合而导致思维飞跃或升华的结果。

复习思考题

1. 什么是人文社会科学？
2. 简述人文社会科学各发展阶段的基本内容。
3. 人文社会科学有何社会功能？
4. 人文社会科学主要研究方法有哪些？
5. 试论人文社会科学的选题策略。

参考文献

1. 王力，朱光潜等著. 怎样写学术论文. 北京：北京大学出版社，1981
2. 马克思·韦伯著，杨富斌译. 社会科学方法论. 北京：华夏出版社，1999
3. 陈国达著. 怎样进行科学研究. 北京：科学出版社，1991
4. 席群主编. 社会调查基础理论与方法. 兰州：兰州大学出版社，1996
5. 周来祥. 人文社会科学研究的特点与规律. 文史哲，2003（1）：5~7
6. 朱少强. 人文社会科学研究的特征及其对学术评价和影响. 重庆大学学报（社科版），2007，13（5）：68~71
7. 李承贵. 自然科学方法在社会科学研究中的应用及其限度. 江西行政学院学报，2002，4（1）：57~60
8. 胡红生. 人文科学发展的性质、特点、内涵及其表现. 湘潭师范学院学报（社科版），2002，24（2）：18~22

第五章 科学研究的选题

[**本章提要**] 本章论述了科学研究中选题的途径、6项原则、7个方法、2种技巧，科研选题和研究中的文献检索与信息收集的方式，整体方案的规划思路、研究内容的分解方式、研究方法的选择与组合及研究项目论证报告的撰写技巧。

科研选题的题材十分广泛，包括社会生活、经济建设、科学文化事业的各个方面、各个领域的问题，都可以成为科研的题目。理论来源于实践，理论为实践服务。因此，科学研究的选题首先要注意理论联系实际，重视理论创新与应用价值。

第一节 选题的原则与方法

选题过程是一个归纳的探索的过程，归纳是指从个别事实中概括出一般原理的思维方法或推理形式，并用书面语言表达出来。选题是指选定有意义的、有价值的、正确的和可行的现实问题作为活动或研究的对象。对每一位大学生来说，科学研究的选题是研究性学习的起始；选题关系到研究性学习课题的研究方向、目标和内容；选题直接影响研究性学习课题研究的水平、内容、价值和可持续发展。根据大学生的知识和能力，一般选择与学生专业相关的感兴趣的问题作为研究主题。选题可以由学生自己选择，也可以是教师指定。

通常一项研究工作由三个阶段组成：准备阶段，包括选择研究课题、相关文献的检索与利用、制定研究方案等过程；实验阶段，通过观测或进行科学实验，获得第一手资料，用以揭示规律或阐述自己的观点；撰写论文阶段，即将研究结果总结成论文的形式供发表或交流。

一、选题

科学研究工作的本身就是一个不断提出问题和解决问题的过程,科学研究中首先碰到的问题是选择什么课题和如何选择课题的问题,选题是科研工作的真正起点和第一步。一个人一生能够选择的长期奋斗目标有很限,因而这第一步,对一个科技工作者日后的科研方向具有决定性意义。有头脑的科学家们都十分重视科研选题,正确的有兴趣的选题是推动研究工作的动力,能够激发研究者去思考、去学习、去研究,能够使研究者将所选课题作为一项长期的或毕生的事业。

因此,选题并不是一个简单的随心所欲的问题,而是在对已获取的大量材料,经过分析和研究、提出有价值和有意义的科学问题。也就是通过观察事物的现象,利用所积累的各种知识和经验加以思索,不受约束的从不同角度、不同层次提出力所能及的、非常具体而客观的问题,分析产生问题的原因或因素,将所提出的问题提炼为研究课题,确定科学研究的方向和目标。

选题最能集中展现研究者的科学思维、学术水平、学科信息及实验能力等综合水平,科研选题不仅决定了预期成果的水平,更关系到科研的成败。提出一个科研选题,比解决一个现实问题更困难。要选到一个有价值和有创造性的课题,既要懂得课题的来源,又要有相当的科学素养;也要理解选题的价值意义,要富有想象力,对选题要有浓厚兴趣,有相当的知识储备等等。

科学研究和解决其他任何事物一样,如果所选择的问题不合适、或超越了自己的能力,成功就没有希望。一个好的选题等于研究成功的一半,成功来自于卓越的选题、独到的研究手段和方法,如果选题得当,选题者肯定能积极地将自己的学识、智慧最有效地用于科研工作上。

1. 选题的途径

选择你有浓厚兴趣且在某方面较有专长的课题,或在不了解和了解不详的领域中寻找课题;要善于独辟蹊径,选择富有新意的课题;选择能够找得到足够参考资料的课题;征询导师和专家的意见;善于利用图书馆自动化、网络化的信息选题。

2. 选择研究方向

科学研究必须有明确的、相对稳定的方向。科研方向确定后,才能有明确的前进目标,才能经过长期的积累,不断提高自我水平。科研方向可依其范围大小进行划分,最大的方向是我国科学研究的总方向,其次是各级单位的主攻方向,再次是研究者个人的主攻方向。所有的研究方向都必须坚持为国民经济建设、为生产服务、为社会主义服务，必须符合我国社会发展和建设的当前或长远的需要，否则这样的研究方向将是短命的或者没有价值。因此研究方向可属于下列三个方面中的任何一个方面，或者同时兼属一个以下的方面。

（1）我国当前生产中存在的关键性问题，深入研究这个问题，可以加快生产的发展。

（2）由我国特有的自然资源和环境等条件所引出的基础理论或前沿科学技术的探索方向，进行这样的研究，可以提高我国的生产力和有关学科的发展水平，促进国民经济和社会的发展。

（3）世界科学技术发展的新方向，将这样的研究作为研究者个人的主攻方向，则要确立长期的科研事业思想和工作态度，进行长期的不懈努力，也要与其他科研人员分工合作、发挥集体的智慧和力量，通过系统的积累、逐步提高，争取最后的重大成就。

二、选题的原则

选题应遵循需要性原则即目的原则，可行性原则即条件原则，合理性原则即科学原则，创新性原则即价值原则，实用性原则即社会应用原则，新颖性原则即科学发展原则，正确性原则即经济利益原则。

1. **科学性原则**

科学性是科学研究的主要属性。选题时应有一定的事实根据和科学的理论依据。在确定课题前，应阅读大量文献，了解有关研究题目的历史和现状，吸取别人的实践经验，掌握新发现的规律。

大学生的毕业论文选题，更应具有时代气息，体现大学生的思维特征，能够提高其分析和解决问题的能力，违背科学规律、没有实际价值和毫无意义的问题不应当成为选题的研究对象。例如，可以选择人与自然、人与社会、人与自我的内容作为探究对象，揭示其各种现象的客观规律和解释各种现象因果关系。

2. **创造性原则**

创造性即创新性，是课题的生命本质和灵魂，是研究者的创新精神和创造意识体现，也是科研选题应当遵循的一条基本原则。创新性不仅包括前人或他人未研究过的问题，也包括在前人或他人工作基础上的进一步深入、发展、补充或修正，或在研究手段和研究深度上的突破和提高。课题的选择过程就是一个创新和发明过程，不熟悉别人在这方面已经进行的研究，不明确前人没有认识及没有完全解决的问题，研究者不能预期自己有无能力能得出创造性的成果，就难以避免进行重复的工作，就难以保障所选研究主题是否具有先进性和新颖性。

本科生及研究生的毕业论文核心目的是提高学生的研究能力，其论文质量也在很大程度上体现在它的创新性，缺乏创新的毕业论文选题，首先从根本上就失去了研究的必要，在提高学生的能力方面也将毫无用处。

因此，在选题的创新性方面应体现以下几个方面。一是在深刻把握所要研究事物的发展规律基础上，提出新观点和新范畴，或在总结新知识和新原理的基础上，开创新的研究领域。二是从实践出发，对前人的思想和观点重新梳理，对前人创立的基本原理进行重新论证、补充、丰富和发展，能够通过实验和研究对其中错误的成分加以清除、纠正和补正，凸显前人观点的时代科学理论和观点。三是对别人已研究过的同类问题，应采取新的角度进行论证或采用新的实验方法进行检验，提出具有新启发的结论。四是能够以自己有力而周密的分析，澄清在某一问题上的混乱看法，在研究中提出解决其中某一难点的条件和方法或者路径。五是用新理论、新方法提出并在一定程度上解决生产和生活实际中的问题，或者为解决实际问题提供新的思路和数据等。

3. 需要性原则

选提必须符合国家、社会当前的或长远的需要，反映社会生活、生产、科学技术三个方面的真正需要，或反映研究者在积累知识过程中发现的理论和现实问题，具备需要特征才能够具有生产意义或学术意义。这就要求在选题过程中必须将科学研究与社会生活中亟须解决的问题、与社会和经济发展、与科学技术的发展相互联系起来，这样的选题才能既有实用性、又有前瞻性。

4. 可行性原则

所有研究课题总要受到一定条件的制约，主观和客观上都具备了完成的条件、或者经过努力可创造条件来完成是进行研究的可行性。但是对于应用性研究课题，例如试制新产品选题，还要市场要求、经济性即成本等、实用性和性能等，及完成时技术上的可行性。除此之外，也应对将出现的困难有思想准备、应对措施和有无解决的可能性。为此，第一，要从主观条件出发，完善自身的知识结构、研究能力和理解程度；第二，在客观条件上要因地制宜，根据研究者单位所具备的条件选择研究内容，对于研究周期比较长的课题，可将其划分成子课题、阶段研究内容等；第三，要明确研究活动目标和活动方式，选择如调查、测量、实验、制作、观察和访问等研究方式。

5. 实用性原则

实用性是检验选题是否恰当的重要条件之一。所谓实用性，是所选题目应与社会生活和科技进步密切相关，也必须与本单位的方向、任务和人员的知识结构相吻合，研究者能够运用自己所掌握的理论和技术知识对其进行研究，提出自己的见解，探讨解决问题的方法，在研究的过程中提高自己分析问题和解决问题的能力。如在社会科学研究中，那些具体而又未引起社会重视，但却代表一定倾向的问题就值得研究；这类问题如农村土地的转移方式、农村土地的利用与规划、农村基础设施的配套与建设等等。

6. 新颖性原则

新颖性并不是具有时代感，而是在科学研究中有别于前人研究成果的新意，新颖性也是科研创新和研究结果的灵魂。科研既然是创造性的劳动，就必须考虑选题是否属于科学上的未知领域。所谓新颖，就是在研究的结果中应表现研究者的新看法、新见解、新观点，或在某一方面、某一点上能给人以新的启迪。因此，只要能做到下述四个方面的一点，所选择的研究也就有了新意。第一，选题、提出观点、使用的研究材料、研究方法应具备新意；第二，以新的材料论证旧的课题，从而提出新的或部分新观点、新看法；第三，从新角度或使用新的研究方法重做已有的课题，从而得出新观点；第四，对已有的观点、材料、研究方法提出质疑，启发人们重新思考问题。

要发现有新意的题目，首先要善于观察。社会生活和发展的各个领域、各个方面的事物都在不断地运动、变化和发展，新的认识观、新的理论不断出现，只要善于观察、勤于思索，善于积累和分析资料，从大处着眼、小处入手，都可以找到合适的具有新意的选题。

三、选题的方法

科学研究包括纯科学和应用科学。纯科学的目的在于揭示自然的奥秘，而不考虑它的应用价值；应用科学的目的是解决生产实践中的实际问题或为一项应用技术确立理论基础。发现有价值的科研选题其本身就是一个创造性的思维过程，也是一项有预先积累的灵感创造艺术。社会生活中有着大量可供选择的研究问题，选题方法也多种多样，但一般的选题有下述7种方式。

1. 主体形式的选题方法

即从文献中发现问题、提出需要研究的问题。任何一个公开发表的高档次的研究论文，都会在讨论部分提到尚有哪些不足、哪些问题需要进一步探讨、或者提出下一步研究的建议，这些都可以成为提出了新问题的依据。

主动搜索 由研究者凭自己的眼力在遇到的事物中发掘和挑选课题。

被动接受 从需要解决问题的部门或计划管理部门所提出的课题中加以取舍。

客体形式的选题法 即从理论分析、探索批判中提出问题。理论的真理性是相对的、其完备性也不是永恒的，理论与事实之间的矛盾总是存在的。

2. 问题式选题方法

问题式选题就是直接将对所提出的问题作为研究课题，但并不是所有的问题都能作选题。在对所提出的问题进行筛选、提炼和加工时，应确定其是否是存在于社会生活或自然界中，过去的研究是否被注意过，现在提出这一问题的本身是否就具有价值、标志科学技术的进步，是否能成为科技缉捕过程中率先提出的问题。如"灰尘对植物光合作用影响的研究"，现成的研究结果无明确详细的记述，也是社会和科技发展中遇到的新问题，能够从理论和机理上说明不同粉尘量对光通量和植物光合作用的影响，为社会的发展、生态环境的优化提供理论根据。

3. 完善式选题方法

完善式选题就是从前人的研究中找出不完善、不充分之处，或由于过去条件不具备而没有完成的研究作为选题。如光对向日葵影响的研究，以往的研究因缺少单色光，其结果只是说明了向日葵具有向光性，至于是什么成分的光是主要影响因素，尚无定论。对类似这样的有不完善之处的研究，就值得利用各种单色光进行再研究和探索，以完善过去研究中的不足。为此，要了解他人的研究是否细致，还必须了解其条件是否充分和周到、条件是否可以分解，是单个条件、还是条件综合、还是条件中的其他因素影响了过去的结论。

4. 空白点选题方法

即补白性选题。所选课题前人没有研究，属于学术性、理论性或技术性填补空白点的研究。如"滇池及其沿岸水体中氡含量的测定与研究"、"马桑毒素的结构改造"等等研究课题，在此之前，前人和他人未对这些内容进行过探索和研究，仍处于研究的空白点或区域性的空白点。在很多情况下，这类研究属于基础性研究，其研究结果是为今后的科学研究提供基础数据或积累资料，难以看到它的实际应用价值，但能够最大限度地增强和锻炼研究者的科学意识和创造性能力。

5. 观察和发现的选题方法

观察是认识和探究未知世界的基础，是进行科学研究的必不可少的手段。但观察必须经过理性的思索，才能认识事物、了解世界、发现事物间的异同、提出问题，否则将对事物及其现象视而不见、见而不思，更不能发现和提出问题。

敏锐的观察需要有头脑的聪明人，这样的观察者能够在别人不注意的地方发现新现象、新事实，由现象探察事物背后隐藏着的、起支配作用的规律和本质，提出自己的、与别人不同或别人未提出的问题、形成研究选题。如弗莱明青霉素的发现、牛顿万有引力理论的创立、伦琴 X 射线的发现、奥斯特电磁学的建立和电磁效应的应用等等，均是观察、发现选题的范例。

要能够通过观察和发现确定选题，要求观察与发现更为细致、全面，思考更为缜密、周全，切勿浮躁；也要求必须全面掌握和了解前人的研究历史和信息、获得启示，善于通过交流而获得启迪，得到思想和方法的借鉴。

6. 列举缺点的选题方法

人无完人、金无足赤，世界上没有尽善尽美的东西，任何事物都有自己的缺点。通过发现事物的缺点，列举事物缺点，这就是发现问题。寻求克服缺点的方法，这就是解决问题。列举事物缺点，利用缺点也是进行课题研究的选题方法之一。发现一个缺点，提出一个问题，也就选择了一个研究课题。结合自己的兴趣，关注身边的事物，关注事物中的点点滴滴，就不难发现它们的缺点，找到一个研究课题。如世界上半导体材料非常难以提纯，很多科学家为此伤透了脑筋，日本科学家则反其道而行之，对其掺杂，形成了半导体中的 PN 结，发明了现代电子线路中不可缺少的三极管、二极管。

7. 抓关键问题形式的选题

抓住关键问题　发现课题的过程就是分析矛盾的过程，抓住关键问题就是找出主要矛盾，从主要矛盾入手探索解决问题的方法。

寻觅结合部　就是从某些交叉学科的结合部，去寻觅和发现选题。

捕捉偶发事件　就是从偶然发生的事件中，去捕捉和发现选题，寻找必然性。

开拓前沿　就是从别人未曾涉足或刚刚开始涉足的科学最前沿，去开拓和发现选题。

四、选题的技巧

在确定研究的大方向以后，并不是完全确定了具体的研究课题和内容，还必须经过进一步的筛选，确定选题的范围、具体题目和内容。下面介绍两种常见的选题方法。

1. 浏览捕捉法

这种方法就是集中时间对一定数量的文献资料快速浏览和阅读、分析和鉴别，在比较中确定选题。浏览在于消化已有的资料，提出问题、区分主次、理清思路、寻找选题。切忌不能阅读一篇资料后就以自己原有的观点去决定取舍，应冷静地、客观地对所有资料的内容进行认真的分析和思考、吸取营养。具体的步骤如下。

第一步，在广泛浏览中细心选择，有目的、有重点地摘录资料中的主题、核心内容，最深刻的观点、论据、论证方法及自己的灵感和体会等。

第二步，对阅读所得内容按照研究内容、观点、成果等，进行分类、排列、组合，从中寻找问题、发现问题。

第三步，将体会与资料分析结果加以比较、找出异同，有根据地深化和发挥与资料不同的体会或想法，再进行充实，逐渐形成目标明确的选题。

2. 追溯验证法

这是一种先有拟想，然后再通过阅读资料加以验证来确定选题的方法。这种方法以主观的"拟想"为出发点，沿着一定方向对现有研究成果进行彻底追溯，从客观事实和客观需要出发，获得支持自己想法的依据。其中的想法来自于平时知识、经验、研究或实验的积累，再根据积累初步确定选题范围。但这种想法是否真正可行，还需进行跟踪追溯和验证。追溯和验证应注意的问题如下。

第一，核实"拟想"是否与别人的观点有补充作用，别人有无论述及论述是否较少。如果别人涉及较少，若自己的主客观条件许可，则可将原来的"拟想"初步确定为选题。

第二，如果"拟想"别人未涉及，既缺乏足够的理由加以论证，主客观条件也不许可，则应放弃、重新构思。

第三，如果"拟想"与别人完全一样，也应放弃或再作考虑；如果自己的想法只是部分与别人的研究成果重复，就应再缩小范围，在非重复方面进行选题。

第四，要善于捕捉一闪之念、思维灵感或思想火花，抓住不放、进行完善。尽管这种想法很简单、很朦胧，也未成型，但这种思想火花往往是在对某一问题做了大量研究之后的理性升华，如果能及时捕捉，并顺势追溯下去，最终形成自己的观点，对于选题和研究将很有价值。

五、注意问题

除上述介绍的选题原则、方法和技巧之外,要在选题上不出现失误,还必须注意以下几点。

目的明确 科学研究的目的是为了认识自然、利用自然、改造自然。恰当的选题,其目的应十分明确,充分考虑社会和生产的需要,只有符合社会需要的选题才能获得社会的支持。

探察关隘、寻找突破 选题和搜集情报时,充分分析当前国内外有关领域和课题的研究现状,恒于追索困惑,即找出妨碍生产、阻滞社会和科学发展的"绊脚石"及其可能的"突破口",务求选题准确。

远近兼顾、由近及远 无论哪一类有价值的课题,包括直接为生产服务或间接指导生产的选题,都是科学和社会事业的一部分。在条件许可时应兼顾当前和长期目标,把握和考虑生产及社会需要的迫切性、长远性、关键性和先决性,凡生产和社会亟待解决、起关键作用或先决作用的问题,应优先安排为选题。

大小并重、从小到大 课题无论大小,凡具生产意义或学术意义者都符合社会需要。但在选题时应考虑自身的研究实力,根据能力大小选择能如期完成的选题,研究经验和实力不足者应优先选择内容较少、范围较小的课题;较有经验的科研工作者,在选题时也要大处着眼、小处着手,在重视组织和领导范围广阔、跨学科、跨单位的综合性研究项目的同时,也不可轻视小的课题,以利于通过选题、具体的研究和实验培养后辈人才。

题量适可、确定重点 一个单位、一个科技工作者在一个时期的科研选题应有重点,当选择了多个的课题时,在保障完成所有课题研究任务的同时,在某一时期内应尽可能相对集中使用力量、完成重点课题的研究任务。否则,可能因研究力量的分散,将会导致重点课题的创新性降低。

既论条件、又创条件 在选题过程中,既要考虑本单位和协作单位的资源(仪器、设备、材料等),也要尽量发掘潜力,尽可能自行设计、改装、制造仪器设备开展科研工作,世界上最先进的科研仪器和设备均来自于使用者的发明和创造。

摸清对象、预作估计 选题时应到生产部门或现场进行实地调查,了解需要解决的问题及性质、难度和要求等,再经过课题组的充分讨论,对研究工作过程中可能出现的问题作出预先估计和论证,最后再确定课题的研究内容和研究每个人的任务,以利于发挥所有研究者的积极性、齐心合力创造条件完成任务。

慎重选题、以利坚持 选题是科学研究工作的开始，研究工作展开后能否产生成果，选题是关键。因此，选题必须经过慎重考虑，一旦选定必须持之以恒、坚持到底，除遇到无法预料的特殊原因外，决不能轻率停顿或半途而废，以免造成人力、物力、财力的浪费。

第二节 文献查新与检索

文献检索是科学研究工作过程中的一个重要环节。文献不仅为选题提供依据，选题后的研究计划、方法等也需要广泛地查阅文献资料。能否正确掌握文献检索方法，关系到选题、研究过程的顺利程度、实验质量及研究成果的质量。

一、文献的类型

文献的类型与承载文献的工具和文献的来源有关，不同类型的文献具有不同的意义和用途，在使用时应进行适当的选择。

1. 文献级（类）别

一级文献 即原始文献，是由亲自经历事件的人所提供的各种形式的材料和各种原著。如图书类的专著、研究报告、产品样本、论文、报刊、政府出版物、档案材料、会议文献等出版物和非出版物。获得这种原始资料文献，对研究工作有很大的价值。

二级文献 指对一级文献加工整理而成的系统化、条理化的文献资料。如索引、书目、文摘及各种数据库等。这类文献具有报告性、汇编性和简明性的特点，也是十分重要的检索工具，可以帮助我们在短时间内找到自己研究所需要的资料，但该类文献很有可能丢失某些必要的信息。

三级文献 指在二级文献的基础上对一级文献进行分类后，经过加工、整理而成的带有个人观点的文献资料。如数据手册、年鉴、动态综述述评等。这类文献综合性强，具有浓缩性和参考性等特点，但有可能丢失更多的信息。

2. 文献载体

文献载体如印刷型、缩微型、音像型、网络数据、计算机阅读型等。其中，印刷型是一种以纸为载体的出版物，如图书、报刊画册。图书，包括教科书、参考工具书、专著等，其优点是内容成熟、系统、可靠，缺点是出版周期长，内容往往陈旧；计算机阅读型资料是信息时代特有的信息资源，包括光盘、新闻组、BBS、WWW 等，具有信息量大、内容新、获取方便等特点。

二、文献资料的类型与检索

文献与检索是一种相关性检索，它不直接回答检索者提出的问题，只提供与之相关的文献供其参考，检索者必须根据需要对所得到的文献进行取舍和整理。

1. 文献资料类型

索引　将文献的一些特征，如书目、篇名、作者以及文献中出现的人名、地名、概念、词语等组织起来，按一定的顺序（字母或笔画）排列，供人检索。例如国内教育信息常用的索引有上海图书馆编的《全国报刊索引》、北京师范大学教育系编的《中国小学教学论文索引》，许多图书馆都建立了馆藏书查询系统，读者可以通过人名索引和关键词索引很方便地进行查询。

文摘　指论文摘要。它概括地介绍原文献的内容，简短的摘要，使人们不必看全文就可以大致了解文章的内容，是一种使用广泛的检索工具。如《新华文摘》、《教育文摘》、《教育卡片文摘》等。

书目　它是将各种图书按内容或不同学科分类所编制的目录，不但可以帮助读者选购、检索图书，还可以指点读书门径，如《全国总书目》、《中国丛书综录》。

参考性与资料性工具书　它的范围很广，除以上三类外，其他类型的文献均属此类。如辞典、百科全书、年鉴等。内容丰富，可靠性实效性强，观点新颖，具有很大的参考价值。

计算机检索　计算机以其强大的数据处理和存储能力成为当今最为理想的信息检索工具。20 世纪 50 年代末出现了最早的计算机信息检索系统，随着计算机技术的突飞猛进，计算机信息检索也迅速发展，如今已成为广泛使用的信息检索手段，检索形式有光盘、各种 Internet 数据库检索等。计算机的数据库能提供十几种甚至几十种检索工具，可使用逻辑方法将他们组合起来同时检索多个数据库，也可以立刻得到原文。

2. 主要的检索途径

书名或篇名途径　是专业人员将文献的名称按照一定的排检方法组织起来后形成的检索系统，用户只要知道文献的名称，就可以查找到原始文献。

作者途径　是专业人员将文献的作者按照一定的排检方法组织起来后形

成的检索系统，它比较适合对于某一特定作者所著文献的查找。

分类途径 是专业人员将文献的名称按照学科自身的体系组织起来的检索系统，它比较适合对某一特定学科中特定类别文献的查找。

主题途径 这是专业人员根据文献的主题词组织起来的检索系统。由于文献主题词有一个或几个，因此这就为用户提供了较为宽阔的检索途径，尤其是使用计算机检索文献的时候，利用搜索引擎，按照主题词去查找特定的文献，其效益更加明显。

在文献查阅过程中，可利用检索工具查找到的文献线索，获取到原始文献。在收集文献的最后一步，可将阅读参考过的材料按照一定的顺序排列即成为文献目录，包括作者姓名、书刊（论文）名、出版社、出版时间、地点等，然后可采用笔记式，即对原文进行摘录或摘要及便于携带、分类、归纳、查找和使用的卡片式等方法，整理和理顺所收集的文献与资料。

三、计算机检索

计算机检索是通过检索各种数据库实现文献的索取，数据库包括文献型数据库和事实型数据库两种。计算机检索方式包括单机检索和网络检索，单机检索包括软盘检索和光盘检索，网络检索包括远程拨号登录检索和国际互联网检索。

（一）国内数据库

期刊文献数据库 主要有中国中医药期刊文献数据库（TCMARS），中国生物医学文献光盘数据库（CBMdisc），中文生物医学期刊目次数据库（CM-CC），中国学术期刊（光盘版）全文检索管理系统，中国药学文献数据库（光盘版）和台湾中医药文献数据库，等等。

报刊文献数据库 包括中国重要报纸全文数据库、全国报刊索引数据库、中医药报刊资料数据库等等。

专利文献数据库 可查阅由中华人民共和国专利局研制的中国专利数据库（CNPAT）。

获奖成果数据库 包括国家科技成果数据库、中医药成果数据库、烟草科技成果数据库等等。

此外，各种与行业还有专业或专门的数据库，如中医古典文献方面的中医药古籍文献（TCMET），进行《黄帝内经》、《金元四大家》、《景岳全书》的全文检索。

事实型数据库 以中药领域的事实型数据库为例,主要包括:中药数据库,可分别查阅由国家中医药管理局中国中医药文献检索中心研制的中国中成药商品数据库和由国家中药保护品种委员会研制的国家中药保护品种数据库。中药复方数据库,可查阅由北京中医药大学研制的中药方剂信息数据库。

(二) 国外数据库

世界各国都建立有不同类型的文献型数据库,常见事例如下。

MEDLARS 系统 即医学文献分析检索系统 (Medical Literature Analysis and Retrieval System),由美国国立医学图书馆研制、开发的当今世界上最有权威性的医学文献数据库检索系统。涉及医学、药学、卫生学、毒理学、化学数据、癌症治疗方案等信息。

USPTO Web Patent Data bases 系统 由美国专利与商标办公室研制,含有3个数据库:美国专利文献全文数据库、美国专利文献数据库和艾滋病专利数据库。

化学文摘信息服务 (Chemical Abstracts Service, CAS),由美国化学文摘社研制的,是世界上最权威的化学信息数据库,包含有将近 15 000 000 篇摘自 8 000 多种期刊、专利、书籍的化学文摘和有关的 19 000 000 个化学物质记录。

事实型数据库 这类数据库也很多。如天然产物数据库 (Nature Production Alert, NAPRALERT),由美国伊利诺斯大学研制的。该数据库主要收录了 1975 年以来有关天然产物中具有生物活性的化学物质的信息,是世界上目前较大的天然产物数据库

(三) 计算机检索的主要方法

截词检索法 即为了避免西文单—复数、名词—形容词所产生的区别,在检索中保持检索词部分词段的一致性,以保证检索的查全率。检索词部分词段的一致性可采用前方一致、后方一致、中间一致等各种形式。

组配检索法 即两个以上概念的组合,将表示提问的检索词用布尔逻辑连接成一个检索提问式进行计算机检索。一般用 "and" 表示 "和" 的关系,用 "or" 表示 "或" 的关系,用 "not (and not)" 表示 "否" 的关系。

加权检索法 即检索者根据检索词的重要关系,分别给每一个检索词赋予一个值,经过特定的加权运算后,输入一个规定值,以此值大小决定收取的文献。

扩展检索法 是为节省时间,并保证查全率所采用的应用上位概念扩展

查找有关文献的方法。

第三节 研究方案的规划

课题研究方案是整个课题的研究工作有条不紊地进行的保证,包括总体实施方案、年度实施方案。研究方案水平的高低,是一个课题质量与研究者科研水平的重要反映,也是科研管理部门是否批准课题立项、检查和结题鉴定的关键。

一、研究思路

科研选题有不同的类型,各类选题的目的、设计要求及研究方法有很大差别,资助经费的方式及强度也有所不同,研究者应当了解它们的特点,并结合研究方向及自身条件决定选题类型。

基础研究 以增加科学技术知识,解决未知领域的理论问题为目的,探索在中医针灸领域中,带有全局性的一般规律的科学研究。如中医针灸学中的经络现象、经络实质、腧穴功能与结构、经脉腧穴与脏腑相关、针灸作用的规律和原理、时效和量效等研究。这类研究特点一般不以具体应用为目的,探索性强,自由度大,风险高。由于未知因素多,在课题设计上要求比较原则,对研究手段要求高。这方面的研究成果常常对整个中医针灸领域甚至可能对生命科学产生深刻的影响。

应用研究 以应用为目的,针对中医针灸实践中的某一具体问题进行研究并提出解决问题的方案、方法。如针灸防治临床各科疾病的临床方案、疗效评估体系的研究。这类研究特点是采用基础研究提供的理论和成果,解决具体的问题,因此实用性强,理论和方法比较成熟,风险较小。在课题设计上要求技术路线清晰,方法具体可行,成果具有推广价值。

开发研究 以物化研究为目的,运用基础和应用研究的成果,研制出产品,或对产品进行技术工艺改进的创造性研究。如中医针灸诊疗仪器研制或改造等。这类研究是采用较成熟的理论和技术进行产品研究,未知因素较少、风险低、成功率高,具有投资大、经济效益高的特点。这类研究多与企业合作进行,也是今后鼓励的方向。

以上三类研究选题虽然不同,但在科研实践中却有密切联系,基础研究为应用和开发研究提供理论支撑,而应用研究为基础研究提供素材和思路,开发研究又是应用研究的拓展和延伸，同时又为基础和应用研究提供了资金。前两类研究以社会效益为主，而开发研究则以经济效益为先。

二、研究内容的分解

在科学研究中对所要观察和研究的事物，都应采用"大"化"小"，"难"变"易"的方法分解后进行研究，也就是处理宏观和微观的关系问题。例如某一新药或新制剂的开发研制，可以分解为药理毒理试验、稳定性试验、制备试验、制备工艺、质量标准与检测等若干子课题或研究内容。所有研究课题都可根据其内容将其分为 3~5 个小问题或不同层次的问题，小问题间的内容和性质要不同、但又要有联系，共同服务于整个研究课题。

分解策略 分解研究内容时可从某一要素、某一层次、某一侧面，某一部分或某一方面切入，分解后的子研究内容应具体、明确、单一、有针对性，各子内容或子课题既各有侧重，又相互补充，构成统一的整体，为总目标或总课题服务。分解后的研究内容要避免直接套用子课题或研究方向的名称，避免子研究内容超出研究问题的范围、偏离研究问题及子研究内容之间出现逻辑矛盾或重复等问题。此外，不同的研究目标其已知前提不同，对研究内容的分解方法也应该不一样。

抽象解析 即根据对事物的判断和推理，使用符合科学事实的逻辑方法对所要研究的事物进行解析。使用该方法的前提是要掌握、了解与所研究事物有关的知识、理论技术等，解析后要仔细判断各个部分是否解析得恰当、合理。

模型、数理解析 根据所研究事物的模型特征，使用数学的方法，将其分解为能够进行观察、实验、分析的各个部分，然后对各个部分再进行相关的分析和研究。

特征、特性解析 根据所研究事物的内、外特征，特性（形状、理化），发生或发展特性，按照研究的需要进行分解后，再对各个部分进行观察或试验。

实验解析 按照研究实验的方法、技术、过程，将研究对象划分为不同的阶段，再对各个阶段进行设计和实验，然后对整体再进行归纳、综合、分析。

三、研究方法的选择与组合

研究方法就是科学工作者在从事某项科学发现时所采用的"策略+手段+技术"的操作过程。科学的研究方法是产生科学理论、衡量科学研究成果与质量的标准,科学知识的更新开始于方法论,科学方法论是科学研究中新思想、新理论的生长点,因而研究方法与研究成果之间具有必然的内在联系。以会计理论的研究方法而言,可分为规范会计理论和实证会计理论,但我国会计界在研究方法的科学化方面还未给予足够的注重。

1. 宏观研究方法

比较分析方法 如在社会科学研究中,对古今中外不同时代、不同时期的公共政策进行多角度、多侧面分析的方法。所谓多角度、多侧面,就是所使用的比较方式具有多元化特征,可横向比较、纵向比较、空间比较、时间比较、中西比较、今古比较,宏观比较、微观比较等。这种借助时间上(历史的)和空间上(地理的)因素进行异同研究,可全面认识和了解公共政策的政治、经济、文化等社会环境条件及公共政策的时空边界,从而探索公共政策的本质和规律,预测公共政策的社会效果。

模型分析方法 如在公共政策研究中,针对若干案例所展现的历史特点,依据政策与制度形成的路径,对研究内容建构简化分析模型,并从事实的结构与环境中解释、构建各种博弈关系。这类研究建立在实际观察和实验结果的基础之上,大多采用数理统计和数学分析方法处理数据,并以符号、数据、图表分析为载体,能使有关知识和信息条理化、专门化、定量化、模式化,能够对所论述的知识和信息进行直观化和简化处理,强化研究结果的表达效果。

2. 具体的研究方法

具体的研究方法有观察法、调查法、实验法、行动研究法、经验总结法、比较分析方法、模型分析方法等,实验法也有单组实验法、等组实验法、轮组实验法等。研究选题、选题的研究内容与性质、研究者抉择方法的水平等诸多方面的不同,在研究设计、研究过程中使用的研究方法均有很大的差别。

如教育学研究主要有文献研究法、调查研究法、实验研究法、比较研究法、行动研究法、经验总结法等。其中一类是收集研究数据资料,如调查法、观察法、测量法、文献法等,这些方法旨在获得对象的客观资料,而不给予对象任何影响;另一类方法是旨在改变和影响变量的方法,如实验法、行动研究法,这些方法是要通过施加某些干预而获得某些期望的结果。在一个教育研究项目或课题中,可能只采用单一的研究方法,也可将多种方法组合起来使用。

研究方法的选择是科学研究成败的关键,各种传统的及现代的研究方法也在不断地被革新和创造,选择研究方法时应立足支撑课题的基本理论、理顺研究思路、明确研究内容间的逻辑关系,尽可能选用最适宜的研究方法。如为揭示人体健康与疾病规律,提高防治疾病,增进健康的方法、手段和技术,可选择传统研究方法,也可选择现代科学研究方法,还可在研究实践过程中创造新的研究方法。

3. 研究方法的合理组合

研究方法的大类有质地研究法、量化研究法,这两种方法之间具有互补性。一个研究课题可能既包含质地研究内容,也有量化研究研究内容,因而研究者在设计研究方案时,应在对研究具体内容和性质进行界定的基础上选择和组合研究方法。

为此,在研究方法的选择上应注意以下几个问题:①要注意研究方法的多样性。任何一种研究方法都有其特定适用的场合,无优劣之分,在研究中应根据具体问题选择使用,而不能拘泥和死板的套用。②在借鉴、吸收不同类型研究方法的过程中,要以研究课题的背景、环境与条件的差异为基础进行方法上的创新。③注意不同学科研究方法的学习与融汇,引进其他学科的研究理论与方法、拓展研究方法的设计思路。如,在会计理论研究中,既不能忽视我国的文化传统和会计环境,也要借鉴西方会计理论与研究方法的优点,将中西方不同的研究方法加以综合。

第四节 科研论证报告的撰写

各类项目的申报书都有格式要求,但大同小异,其主要内容包括项目名称、国内外概况和目的意义,研究内容、目标和关键技术,研究方法、技术路线与可行性分析,项目的创新性,预期研究进展、成果与效益分析,有关工作基础等几大部分。重要的几个部分的写作要求如下。

一、选题论证

课题研究论证报告是向上级提交的一个完整的科研课题计划,该课题计划既能反映出研究者所要进行的研究内容及其所获得的结果,也要反映研究过程及研究方案。

1. **课题名称的表述**

研究课题名称是课题研究论证报告的精髓。一个好的课题名，要求准确、规范、简洁、醒目，具有吸引力和撼召力。

准确　课题名称应是研究对象和问题的高度概括，课题名称必须和研究内容及其范围的大小均衡、一致。如，"马桑毒素的结构改造研究"等。

规范　课题名称所使用的词语、句型必须规范、科学，口号方式、结论式、委婉或模糊式的句型皆不能用。如，"花椒皮刺的剔除研究"等。

简洁　课题名称不要超过 20 个字，尽可能简明扼要。如，"虫源性脂肪酸特性的研究"等。

醒目　课题名称应适口、易懂、新颖而有内涵，能为读者留下深刻的印象。如，"干旱地区人工林自调水分机理研究"等。

例如，某一研究者提出了一个"违约责任及其比较研究"课题，其研究内容包括违约责任概述、违约责任构成理论的基本研究、违约行为研究、归责事由研究、救济措施研究。①这样的一个研究课题在题目设计上就不能算一个好的题目，因为题目中使用了"及其"一词，相当于英文中的 AND，给读者的印象是将要研究两个课题，一是违约责任，二是违约责任的比较；而从内容看，作者的意思大概是采用比较研究的方法研究违约责任。②在其研究内容中的"违约责任"与"违约救济措施"是既有联系又有区别的两个不同概念，而违约救济措施超出了违约责任概念的外延。违约救济措施有多种，其中有的属于违约责任形式，有的不属于违约责任形式。简而言之，该研究者所选课题题目涵盖不了"违约救济措施"，应该取消"违约救济措施"这一研究内容。③因此，其研究题目可以改为"违约责任研究"或者"违约责任的比较研究"。

2. **立论依据**

包括研究的目的和意义，即所选研究课题的必要性、迫切性。应在资料分析的基础上指出课题研究的背景或现状，通过背景分析提出社会在该领域需要解决什么问题，哪些问题是紧迫需要研究的课题；再陈述为什么要进行这样的研究，这样的研究有何理论、学术、应用价值，进行该研究要达到的确切目的和意义，充分辨析该研究的创新之处，有时还要求附有立题论证查新报告。对基础研究，要重点论述项目的科学意义；对应用研究，要说明对经济和社会发展的重要影响。但应注意的是，这些都要论述的十分具体、有针对性，不能漫无边际地空喊口号、空讲大道理。

研究现状　在论述该问题时，要对国内、外研究现状、水平和发展趋势

进行充分的论述。陈述课题范围内哪些方面已有人作过研究、取得了哪些成果；这些成果所表达的观点是否一致，分歧点是什么，哪些内容还未进行过研究、存在的不足及新的研究方向等。这些内容的分析既可论证所选课题的研究地位和价值，也可说明研究者对课题认识的清醒程度及研究基础。

选题的意义 选题是确定研究的目的和对象，这是科研工作从预备阶段转入实质阶段的关键步骤，是一个课题展开研究工作的起点。要确立一个有创见、有意义的研究课题，在选题和对所选课题的意义论证时必须进行认真调查和思考。

二、方案论证

研究方案对整个研究工作的顺利开展起着关键的作用，对于经验较少的研究者尤其重要。一个好的方案，是一个课题质量与研究者科研水平的重要反映，可保证在课题立项后按照计划、有条不紊地开展工作。在方案论证方面应主要关注的问题如下。

1. **研究目标**

主要研究内容 研究内容是研究方案的主体，在设置课题的总体研究时应明确无误地指出具体要解决的问题，该研究问题进一步细化后和区分为哪些小问题或研究内容，课题越大内容肯定就越多。切忌描述不具体、笼统、模糊，也不能将研究的目的、意义当做研究内容进行描述。

研究方法、技术路线、实验方案 研究方法主要是指研究所采用的技术，它要求回答在解决研究问题时所采用的具体办法或思路。技术路线则是课题所设置的各个研究内容、采用的方法、解决的各个具体问题及其相互关系，技术路线的描述必须用逻辑关系的图进行说明（图5-1）。

实验方案 即课题研究的步骤，也就是在一定的时间内完成课题各研究内容的顺序和安排。研究的步骤要充分考虑研究内容的相互关系和难易程度，一般情况下，都是从基础问题开始，分阶段完成各个研究内容。每个阶段从什么时间开始，用多少时间，要达到什么目标等都要有详细的计划。这样的方案既可使研究者在开展研究时有条不紊地开展工作、保证按期完成任务，也利于审查者进行检查。具体的研究方案包括准备与专家论证评价阶段、实施阶段、总结验收与结题三个阶段。

可行性分析 是从课题组的技术力量、具备的设施、前期研究积累的基础、预计可能存在的问题和解决办法、单位的支持程度等方面，说明完成研究任务的把握程度。其中，应正确评价研究者的知识结构和水平、研究能力、

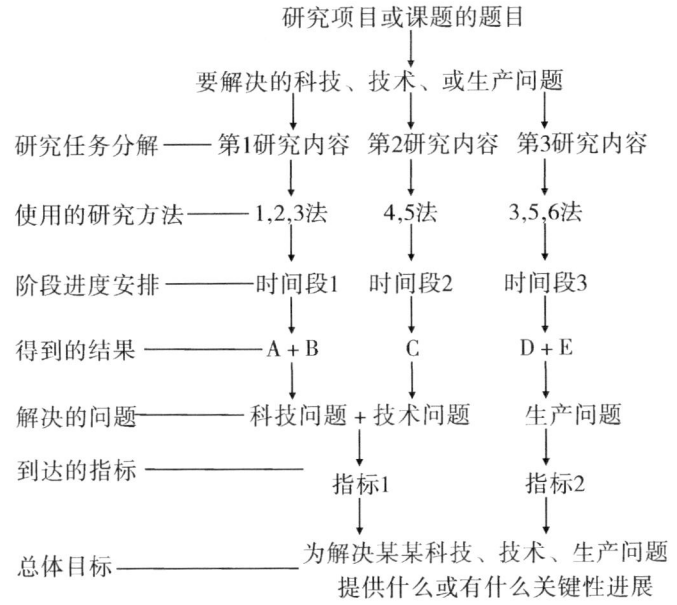

图 5-1　研究技术方案流程图

思维能力及个人素质；正确评价客观条件是否具备，包括研究手段、经费支持、研究时间、研究对象来源、伦理问题、协作条件等。

2. 其他较重要的内容

项目摘要　一般用 200 字左右，简单明了地概括所选课题的目的、意义、研究方法、预期成果和创新，使审阅者能够判断项目的重要性和特点。因而，项目摘要一定要表述准确。

研究基础　是对研究方案中可行性分析的进一步补充，要求说明课题组在所选课题方面已进行过的相关研究或获得的成果。具体包括有关的研究工作积累、已取得的成绩、已具备的实验条件、尚缺少的实验条件和拟解决的途径等。应该注意的是该部分必须真实，不要将所要进行的研究或思路作为已获得成绩描述。

课题组成员及其分工　课题组成员的组成要根据研究的需要而确定，每个成员都必须承担课题某一方面的研究任务，各成员所承担的任务应与其学识、能力相适合。在描述时应将课题组负责人、成员的名单与分工、各人的专业与特长、研究经历和成果，以便课题管理者对课题组的能力有所了解。

预期研究成果　成果形式指最后的研究结果以什么形式出现。研究周期较长的课题，还应该分别有阶段成果和最终成果，阶段成果可按年度列出。课题不同，研究成果的内容、形式也不一样，但不管形式是什么，课题研究必须有成果，否则，就是这个课题难以完成。如，教育研究成果可以有研究论文和报告、专著和教材、教具和教学仪器、教学软件（包括音像制品、计算机软件）等；自然科学研究成果包括论文、技术发明、新材料、技术工艺、新理论等。

经费预算 即进行所选研究课题需要的各项实际开支的预计费用额度，必须按照求实原则、节约原则如实填写，部分情况下经费预算的不合理常致使所申报的课题难以得到相关部门的批准。

复习思考题

1. 科研选题有哪些必须注意的原则？
2. 具体的研究选题有哪几种方法和技巧？
3. 如何将一个较大的研究课题分解为较小的研究内容？

参考文献

1. 李孟楼主编. 科学研究方法. 中国农业出版社，2009
2. 龚晓宁，张泽强. 科学方法论与科研项目选题. 科研管理（技术与创新管理），2005，26（4）：30~32
3. 刘刚. 科研选题与科技成果转化的探析. 有色金属设计，2006，33（2）：4~8，25
4. 侯淑肖，刘宇. 护理管理科研如何选题. 中国护理管理，2006，6（4）：62~64
5. 李幼玲，刘中国，孙耀忠等. 浅谈医学科研选题及项目申报的方法. 护理研究，2006，20（1下）：267~268
6. 林清. 怎样撰写好自然科学研究项目申请书. 广西师范学院学报（自然科学版），2005，22（4）：78~82
7. 杨正书，孙文松. 浅谈农业重大科研项目选题定位及申报. 辽宁行政学院学报，2005，7（4）：180~181
8. 陈雪梅. 图书情报学国家社科基金申报中的选题问题. 图书馆学研究，2005（3）：88~91
9. 江志雄，阎利. 医学科研选题技巧. 江苏卫生事业管理，2004，15（3）：30~31

第六章 科学研究程序

[**本章提要**] 科学研究是一个组织严谨和设计周密的动态实践过程，该过程包括研究计划和相关资料收集的准备阶段，研究方案的实施和总结阶段。所有的科学创新皆源于研究过程，因而必须对研究过程进行规范化的科学管理。

科学是一个动态的过程，是感性认识结果和理性认识过程的统一。从本质上讲科学研究、科学思维、科学研究成果的表述形式是理性的表现，但它必须符合客观性和逻辑性。科学研究是智慧者使用科学方法解决某一科技、生产或发展的实际问题的具体过程，这个过程涉及多个方面，如编制详细研究计划、人才的组织与协调、配置资源、及时总结和调整研究计划、整个研究计划完成后的认真总结。

第一节 准备阶段

科学研究准备阶段的环节包括课题的确定、科学研究计划的制订、科学研究资料的收集和积累、研究用仪器的准备和调试等。

一、课题的确定

科学研究，首先要发现和确定课题。狭义的选题是指选定研究或论著的题目，广义的则指选择研究领域、确定科研方向，这里主要介绍如何选择研究题目。

1. 选择研究题目的思路

选择研究题目是科学研究中难度较大的第一步，也是一项需要有一定专业知识的科学性很强的研究工作；所选的研究题目，在一定程度上是研究者学识和认识水平、实践知识及其敏感性的充分反映。

选题不是随便抓来一个问题就进行研究，或看到什么问题时髦就胡乱参加讨论、发表见解。清代学者章学诚在《博学篇》中说"学贵自成一家，人所能者我不必以不能为愧"，其意思即自己能在某一个或两三个问题上有所专长，有发言权就不错了，不能为了样样精通而跟着别人跑，其后果肯定是浪费时间、花费精力，所发表的文章因肤浅而无意义，一生中也很难有所成就。因此，初次从事科学研究的人，选择研究题目时最好能请人指导。

课题的具体类型很多，有新老、大小、难易之分。①对很多人研究过、讨论过的老问题，各家各派的理论和意见已表达得比较充分，如果想再深入一步、提出新观点，或在研究上有所突破，则必须发现其中没有解决或没有完全解决的侧面，即契入点。从老问题中发现了新的契入点，要进行研究还要具备新的资料、新的研究方法。如果不具备这样的条件，就不能贸然地选这类题目。②对很少或者没有前人研究成果的新问题，比较容易提出新观点，或不一定就是正确的观点，但所有的资料皆需要自己去搜寻和建立。③需要几十年的收集资料、分析与综合、倾毕生精力才能完成的选题，只是有志者、敬业者，不怕困难、勇于进取者才能选择的研究题目。

2. 选题原则

研究题目的选择当然总是以事先发现问题、对问题的意义作出判断为前提。没有意义的问题是不值得研究的，有意义问题并不是选题的唯一原则。

意义原则 意义的标准在于它符合客观需要，选择研究题目就是要善于找出那种最迫切需要解决的问题。没有意义的课题即使进行了研究，其研究结果也将毫无价值。

可实现性原则 即所选择的研究课题，经过一段艰苦的研究以后有可能被解决。其中，客观条件如指导者的状况、研究者的能力、领导人的思想境界、科研经费的多少、资料条件等等；主观条件即研究者的情况，包括实事求是地估量自身能力、量力而行和兴趣。孔子曰："知之者不如好之者，好之者不如乐之者，发愤忘食，乐而忘忧"，这说明不能只凭兴趣去进行科学研究，也不能对没有任何兴趣的事情去花费力气。如果某一选题在主客观条件上根本没有实现的可能性，就不能选择此课题，否则研究结果肯定将等于零。

新颖性、独创性原则 即选定的研究课题应是前人未曾解决或尚未完全解决的问题，通过研究应能有所创新、有新意和时代感。为此，选题时就要通过广泛深入地查阅文献资料和调查，搞清所要研究课题在当前国内外已达到的水平和已取得的成果，了解当前的研究进展；从理论本身的完备性、研究方法的科学性等方面对过去的研究进行评判性分析，在前人的基础上确定自己的着眼点，以求在选题和研究上具有新发展和新突破。

避免走弯路 回顾我国科学研究在选题上所走的弯路，需要汲取的教训是：①理论思辨性研究不应空谈，应具备透彻的系统理论建树，实际问题研究不偏离现实，要为解决问题提供给可操作的知识和方法。②应用研究则不应急功近利、弄虚作假，要具有相应的理论指导。③确立研究选题时避免唯上是从和赶潮流的倾向，能够抓住重点，符合时代的发展和需要。④不热衷于盲目引进，热衷于效法、移植和模仿别人的经验、观点等，将科学研究搞成轰轰烈烈的政治或社会运动，严重抑制自己的主动性和创造性。

3. **选题的论证**

选题确定后就需要写一个选题说明书，即开题报告或论证报告，提出开题报告并请专家或别人审议，是为了避免选题的盲目性，否则研究工作开始了才发现问题成堆，势必将会骑虎难下，造成人力、物力、财力的浪费。

开题报告应针对选题和研究必须说明：①为什么要选择这个问题，研究它的起因是什么，选择并研究这个问题将要达到什么目的。②当前国内外对这个问题的研究已经达到什么水平，还存在什么问题。③研究者对这一问题将有何新见解，这一见解有何意义。④研究者将从哪些方面着手开展研究，大致的理论框架是什么。⑤列出必要的参考资料。

开题报告还应具有总体研究方案。总体方案一旦确定，并得到相关部门的批准，则必须严格按照方案中的具体研究内容、指标要求等执行。所以，总体方案必须是课题所有成员智慧的结晶，具有严密性、可操作性和完整性。

二、科学研究计划的制订

科学研究计划是如何开展课题研究的具体设想，它初步规定了课题研究各方面的具体内容和步骤，是科学研究工作的核心，是实现科学研究方向、任务的纲领。因此，研究者在确定了科学研究的课题之后，应该进一步明确自己所选课题的研究方向和指导思想，明确所选科研课题的组织方案，制定行之有效的研究计划。研究计划应注意如下几点。

1. **指导性和学术方向性**

课题作为研究过程的起点，必定包含着研究者对该问题独特的见解和思想，这些见解和思想在开始阶段常比较抽象、模糊，只反映了问题的某些方面，这就需要通过制定研究计划而深化，以达到从实质上去把握研究目标，指导研究实践。

科学研究计划是研究的纲领，为研究提供了全面而系统的工作程序，并具有学术方向性和引导性，因而是一个课题质量与研究者科研水平的重要反映，也是论证和评价研究效果的依据。一个好的科学研究计划，可督促和保证整个研究工作有条不紊地进行。其指导思想在宏观上就是应坚持什么，符合什么要求，研究范围和重点是什么，要解决的核心问题是什么，以避免在研究过程中偏离方向或目标。

不同的研究、计划的侧重点不同，例如，若研究结果以论著的形式来完成，那么研究计划就应围绕着论著的主题制定详细的纲要和目录；若是以实验的形式来完成，就应围绕着主题制定试验计划和实施方案。

2. 逻辑设计与组织

在确定了计划的指导思想后，研究计划还必须注重其逻辑设计，制定具体的组织方案，提出切实可行的实施措施，及更加具体的解决问题的方式、途径和方法，以保障研究过程具有明确、清晰、可行的思路。因此，课题研究计划要处理好研究范围和目标、整体规划和研究步骤、研究方式与技术、研究内容与时间各个因素的逻辑关系，以使研究者能有计划、有系统地、顺利地完成研究任务。

有些研究者选定题目后便无声无息或半途而废，其根本原因就是因为没有明确的研究计划和可行的组织方案。研究课题的组织与管理包括管理部门统一组织的课题组进行集体研究，由课题组分工负责、分散研究，研究人员自选课题、有关部门批准后自行研究三类形式，选择哪一类组织形式取决于研究者的能力和水平。

无论选择哪种组织形式的研究课题，在编制方案时都必须有研究步骤和起止时间，在各阶段时间的分配上应当有足够的估计并留有余地，一般可将研究计划按照时间顺序安排为三个阶段。第一阶段，选题和收集文献资料、制定研究工作计划；第二阶段，设计方案，进行调查或实验，对得到的新材料进行分析；第三阶段，撰写和修改科研论文或报告。

对研究形式讲，要区分其属性，即确定研究内容属于观察、实验和理论分析，还是定性、定量研究，进而确定和选择研究方法；观察与实验有其操作系统的选定，理论分析则有其理论范畴与系统的选定。

3. 相对稳定性和可调整性

科学研究是一个动态发展的过程，因而科研计划应兼备稳定性和可变性。研究计划包含两个主要部分，一部分是研究计划的指导思想及其方向，另一部分是研究计划的组织方式和实施方案。指导思想是研究计划的核心和灵魂，指明了整个研究计划的方向和原则，支配着研究过程，应该具有相对稳定性，若随意改变将会影响全盘计划。

研究计划中的组织方式和实施方案，则是科研计划得以进行的具体步骤，这个具体步骤可能随着研究的深入或实际情况（如国内外进展、新技术的出现，及计划初期未预想到其他新情况、新问题等）的改变而发生变化，如果一味地按照原定的实施方案去进行研究，可能会影响整个研究质量。因此，在执行实施方案的同时，应视具体情况而对其进行不断的调整和完善，但调整应以不偏离研究计划的指导思想为原则。

三、科学研究资料的收集和积累

科学研究并不是空中楼阁，必须以事实和资料为基础。研究计划确定后的工作就是收集和积累资料，以便展开理论分析。最常用的三种资料的收集方法的特点如下。

1. **观察和实验**

科学研究的第一手资料来自观察和实验。所有具备一定水平的创新研究和发明，均包含观察和实验。观察包括直接和间接观察，是通过感官或者借助一定的科学仪器，有目的、有计划地考察和描述客观对象的方法。实验是利用一定的物质手段，人为地制造或改变某些条件，控制或复制自然过程，以认识客体的本质和规律的方法，当不能直接观察时就要进行科学试验。随着现代科学的发展，观察和实验已从微观扩展到了宏观，直接观察在自然科学中已不占据主导地位；在社会科学研究中，社会调查也有观察的成分，其中的试点则类似于科学实验。

2. **文献研究法**

进行文献研究其目的在于继承学科遗产，系统总结对某个问题的研究历史与过程，发现某一问题的研究缺陷、避免重复研究等。前人的研究包括其资料、研究方法和结论或观点，其中最主要的是方法，其次是结论，然后才是资料。因而系统总结前人的研究，还可以了解其获得的结论及获得这个结论的方法，进而为以后的研究和学科发展提供思路。文献研究过程常用的三种方法如下。

信息推理法 即从文献途径得来的少量信息出发，使用自身背景知识和相关知识，运用一系列假设性的注解推理，导出一系列结论，然后在实践中加以证实。如，一则报道说"1982年2月底至3月初，墨西哥的爱尔基琼火山爆发了。据说这次火山爆发，使史无前例的大量火山灰喷向了天空"。由此可以设想，历史上最大的火山灰喷向天空，有可能使地球寒冷化或温暖化，温暖化可能是主要趋势。由此必然导致世界性的气候异常，使某些地区久旱无雨，其他地区则是大雨、大雪频繁，进而导致世界农业的

歉收。美国政府预测到这一趋势以后，作出了减少三分之一耕地面积的决定，以便在粮食出口时乘机提高谷物价格，制约粮食短缺的前苏联，赢得了政治、军事上的优势等等。由该报道所引出的所有后果，使用的就是信息推理法，其主要步骤是获取信息——→展开联想、发现情况和线索——→对联想、推断进行检验式证明。

内容分析法　指将一种用语言表示的文献转换为用数量表示的资料。如，要分析近十年内中国人对金钱观念的变化，可选择几家报纸，收集十年内所发生的有关金钱观念方面的消息、文章，逐年统计各类消息的数量及有关金钱的立场和观点，可数量化地分析其变化频率与幅度。

次级分析法　指对别人所收集的资料进行分析。如，利用政府机构的人口普查资料，通过分析得出关于人口的出生率、死亡率、迁移率、职业变化以及其他过程。次级分析程序包括想方设法去获取有关的资料——→识别和处理所选择的资料中的偏见和错误——→选择适当的指标和索引体系。

文献研究法主要的优点是节省时间和费用，研究不直接与研究对象相接触。但缺点在于文献资料是出于他人之手，他人视角和注意重心可能有偏颇，部分资料可能在可靠性方面存在失误。

3. 社会调查

社会调查研究是社会科学中收集第一手数据用以描述一个难以直接观察的问题的最佳方法。有些研究中所需要的资料在许多方面没有文字记载，部分书面材料常有错误、或记载不全面或不详细，现实生活中的所有问题不可能等待别人去记载，只能在调查过程中予以发现。

调查方法应灵活多样，可根据需要选择使用。如，可普遍调查、典型调查、抽样调查、开调查会、实地测量、直接观察、阅读报表、统计账册等，也可以几种方式兼用。其中，抽样调查法是最常见的调查方法，就是从研究对象的整体中选出一部分作为代表进行调查研究，然后用所得结果推论和说明总体的特性。这种从总体中选出的样本，主要按照随机的原则，完全不携带调查者的主观色彩在总体中选择（概率抽样），也可根据研究任务的要求，对调查对象的分析而主观地和有意识地选择（非概率抽样）。概率抽样的特色如下。

界定研究总体　对研究总体的界定也就是对其基本构成单位、所包含的内容、空间与时间的范围等进行规定，也包含确定调查对象及其内涵、外延及数量。这种界定要与研究目标及要求相符合，并且要具有理论依据。

设计和提取样本　即确定样本所含的个体数目、选择抽样的具体方法，并进行实际抽样调查。

样本评估及总体估计 抽样的目的不是说明样本本身的情况，而是通过样本信息推断和说明总体，在进行样本评估及总体估计时常用准确性和精确性衡量样本质量。

抽样调查费用较低、速度快、准确度高、应用范围广，能及时了解和掌握内容丰富的第一手资料。但样本所含个体数目的多少及抽样方法均对样本的代表性有重大影响，因而可根据实际能力适当设置数量较多的样本，以获取更多的资料并增强其准确度。此外，抽样调查者的业务素质也影响其调查效果，可在调查前对其进行充分的训练，在实地调查中给予更仔细的监督和检查。

四、资料整理

所有收集的资料都必须随时随地进行初步整理，才能不断地积累对科学研究有价值的信息和数据。资料整理大概步骤包括初步整理——审查——分类整理——提取有价值的信息——理论分析——结论推断。初步整理就是对所获得的资料进行全面梳理和统计，资料审查就是剔除错误和虚伪资料、补充遗漏资料，对内容很多的资料可编写摘要、标题并分类。

资料分类 一是，按照历史发展的轨迹、整理出大事记。事物的存在与发展总是与时间和空间相关联，以时间为经、以地域为纬按地域、时间顺序排列资料，摘出其中涉及的大事，便于寻找事物发展的内在规律和逻辑联系。但并不是所有的科学研究有必要做大事记，如研究抽象理论概念的推演，或对事物作横断面的研究而不涉及其发展过程等。二是，按照理论的逻辑形式整理和编排资料。这种方法可按观点、问题进行分类，按一定的人为提纲排列，以便将零散的资料组织成为一个系统，以反映出资料的逻辑关系。

信息提取与分析 在利用资料和对其分析时，应把握的要点是：①勤整理，经常对收集到的资料加工制作、分类编排、以方便查阅。在整理过程中，对已失去价值的资料随时剔除、随时补允新资料，使所积累的资料如徐徐的小溪，常流不断，常流常新。②勤翻查，积累资料的目的在于运用、研究和学习，经翻查资料可从中学习到更多的知识、扩大视野，加深对有关资料的印象，可及时发现、挖掘资料的价值，将其派上新用场，使"死"的资料"活"起来。③勤阅读，阅读是收集和理解资料的最重要的途径，韩愈曰"口不绝吟于六艺之文，手不停披于非家之编"，可见持之以恒的阅读必能采集到很多珍珠美玉，使自己的"资源宝库"蔚成大观。④勤思考，经常思索应收集哪些方面的资料、从哪里收集；在阅读、筛选时深入思考，可判断出哪些东西有用、用于何方，还可从资料提供的信息中得到启发、灵感或顿悟。

第二节　研究方案的实施阶段

本阶段是完成科学研究任务、付出研究"劳动"的阶段，应在研究计划的指导下完成。该阶段包括 5 个环节，即落实研究任务到人，承担具体任务者制定细致的研究计划并进行研究劳动，复核研究结果和验证，研究结果的文字表述，定期举行研究讨论会，按期进行阶段性总结，及时分派和调整下阶段的研究任务。

一、研究计划

详细研究计划与项目的技术方案不同，主要包括：①各个具体的试验或调查使用哪种具体技术。②确定完成每个试验、调查、资料处理的时间。③规定每个试验、调查、资料的处理方法和步骤，调查试验对照组的设置方式，数据的记录标准等。④试验与调查前器具、设备、药品等的准备，仪器的调试等。⑤明确完成研究任务后能得到什么结果。⑥提交什么样的研究成果，如研究论文、专利、新产品等。因此，详细的计划制订后，要刻意明了实验过程和每个细节，细致推敲每个试验的内容、材料的准备、操作条件和过程、方法与技巧、需要的时间等。

在执行研究计划化的过程，尤其要重视研究资料、调查、试验数据的记录，研究资料和试验记录是课题是否真正进行的证明，也是管理部门对课题运行状态进行检查的物证。此外，在研究或调查过程中，有必要举行定期的研究讨论会或"振脑会议"，以进行阶段性小结，解决出现的新问题，把握工作重心、统一目标，激活研究者思维潜能。

研究过程中应注意事项包括：①研究题目是否定位确切（符合社会、科学需要，合理）；②使用方法是否经过"比较—分析—设计—发现"；③试验过程是否勤思考、善总结、求改进；④试验记录是否认真、仔细、求发现；⑤信息量是否及时了解国内外的进展、趋势；⑥学识面是否博览、交流、学习、写作；⑦是否仔细关注了所有实验细节。

二、研究总结

任何一个项目研究或课题的运行都有时间限制，必须在限定的时间范围内完成所有的研究任务，否则有时将会造成很不好的后果。课题的研究期限结束时的主要工作环节包括：①对课题的运行过程进行全面总结，撰写运行状态的工作报告和研究任务执行情况的技术报告。②检索查新，核定研究结果。③向管理部门递交验收申请，请求检查。④必要时，再向相关科学研究管理部门递交申请，要求对课题所获得的研究结果进行科学技术和水平鉴定。

阶段性总结 课题的总体计划已将研究任务落实到了各个时间阶段，每个研究阶段结束时应该进行阶段性总结，以便发现问题、纠正和弥补失误。当遇到研究难题时则要提交课题组集体讨论、商讨解决办法。对已成熟的研究要及时进行整理、撰写和发表研究论文。同时，安排和调整下阶段的工作任务，撰写并上缴当年的年度研究进展报告。

全面总结 当课题运行至限定的时间时，必须对课题的整个研究过程进行全面的自查和总结，其优点是：①能够查出课题的整体部署是否合理，计划任务量是否适当，为以后的其他研究课题的总体计划和安排积累必要的经验。②检查课题的运行程序、工作过程是否流畅，如果没有按总体计划如期完成所有研究任务，必须查出原因、提出实在的补救措施，并申报批准。③对照课题的总体指标，逐项检查每个指标的完成情况，找出未达到指标要求的原因，提出解决办法。④对每个承担研究任务的课题成员的实际工作进行全面检查，找出未完成任务的主、客观原因。⑤在进行全面检查的同时撰写两份报告，即结题报告。

三、研究（结题）报告

结题报告 撰写结题报告时，应多参阅立项时所引的支撑理论和近年来国内外的有关新信息；仔细阅读课题立项时的研究进度计划，尽量搜齐各阶段的过程性探索、研究资料；重新审视整个实验研究过程，尤其是认真审视研究论文里的观点；整合所有研究资料，进行科学的归纳、演绎，尽量提炼出该课题的创新观点，而不是罗列"你有我有全都有"的普遍观点。在撰写结题报告时常见的问题包括：①在研究进度方面，可能缺少部分研究、探索过程的叙述性材料，如外出考察报告、基本情况、调研报告、验收申请书等。②在结题总结方面，可能对基本情况部分概述不全，或缺少应有的数据及过程，或有一定成果但缺少推广方面的材料。③在研究报告的结构上，一是避免引文或引文附录的缺失，要说明通过研究得出的创新理论，该创新理论与支撑实验研究的理论有什么区别或联系；二是不能将常规工作活动作为课题的研究成果展示，给人一种勉强凑材料的感觉；三是不将课题立项之前的成果当做课题立项后的研究成果。④在研究结论上，要对材料及论文进行深入细致的研究、提炼，使研究报告或论文应在理论上有所升华，避免结题报告只见"材料"不见"观点"，苍白无力、说服不了人的弊端。⑤提供的附件材料（调查报告或科技论文）应撰写规范、不粗糙，行文流畅、内容充实。

检索查新 申请国家重大课题、项目时必须提供查新报告，所有研究课题结束时也必须进行查新检索，其共同的理由是：①说明研究课题、研究内容是否是别人已经进行过的研究，以避免重复。②说明所选研究课题、内容是否已经落后或新颖。③说明研究课题及其内容是否具有创新、创见性。④更重要的是说明研究项目所获得的结果是否是科学发展及生产的需要，有无价值。⑤查新检索的范围包括国内外的专利文献库、科技期刊文献库，甚至是报刊索引。

申请验收 所有计划研究项目、课题在完成研究任务后，都要由相关科技管理部门组织检查和验收。①验收的目的是检查课题的研究过程，研究工作是否真实的按照课题的原计划执行。②查对课题的指标是否已完成，真正完成的工作是什么。③所进行的研究、研究资料、记录的真实性，是否存在伪造。④检查验收要提出具体的结论性文件。

成果鉴定 凡是有价值、创新，或成绩突出的科学研究，一般都可申请进行成果鉴定，成果鉴定的主要原因是：①对课题组所进行的研究工作、研究成绩形成结论性意见。②说明研究所取得的结果的档次或水平，同时指出研究中存在的问题，便于研究者进行改正及补充。③向社会公布，政府科技管理部门进行登记，以避免别人或别的单位再进行重复性的无效研究。④为研究者申报相关的科技成果奖励提供书面证明。

第三节 科学创新源与研究过程

具有创新性的科学研究过程是非线性的复杂系统，科学创新是在这个系统的运行过程中表现出来，这就是科学研究中的创新哲学。

一、创新源与研究过程

在科学研究过程中,即使是研究者做了许多重复性或模仿性的工作,但只要在一些重要的方面提出了与众不同,并具有独创性的新观念或新见解,这也是创新性研究。但要在科学研究的运行过程中能有所创新,必须注意以下问题。

偶然性与必然性　偶然性发现的背后存在着必然性,要善于发现意外东西。凡具有创见性头脑并能够做出创造性工作的人,当他在获得创造之前肯定对自己所从事活动的领域了解得很透彻,对需要做的事情有强烈的责任感,具备出色的表达才能,恰当的实现表达的手段。

审思　不管什么人,如果他仅仅拥有知识而不善于思考和应用,也不可能作出创造性思想和创造性成果。当研究程序、过程、试验出现新问题时,应该发挥思维的作用,去思考、了解其原因。例如:①设计并完成一个试验。②选择和改进现有的研究方法,更好地完成试验任务。③出现问题时要冷静、慎重地思考问题,进行严密的逻辑推理。④再到实验室去做实验,全面观察事物的现象,深入了解事物的变化规律,揭示事物的内在本质。⑤了解某种偶然性事件发生的原因,掌握偶然性与必然性之间的联系。

潜化　在科学研究中,当遇到难以解决的问题时,会使研究者的思维停滞或是陷于迷茫。这时应该停下来放松一下思想,暂时停止有意识和有目的的研究,忘掉受挫的无效劳动,在愉快的活动中激活思想,这种办法是实现创新性研究的一个重要措施。

注意突现　有时候一个人智慧的闪光并非都发生在有意识地去思考某一问题之时,而是产生于"下意识"。如果人脑处在下意识状态中,理性思考的约束一旦松懈就可能产生无数新的组合和新观念。往往非常简单的主意或设想事先根本没有可能想得到,一旦当别人提出来之后才恍然大悟。这就是"突现",也是一种创新经验,所以研究者不能像和尚念经那样"闭门思过",要抓住所有机会和别人交流自己的研究工作。

验证　当有了新观念时,要进行验证。因为新观念并非完美无缺,当它刚出现时的确很新鲜,但时间一久,缺点就会暴露出来,所以它是否真正有用,必须通过验证或实践检验才能证明。

摆脱从众思维　追逐社会潮流、崇拜书本、人云亦云,惟别人是从的从众思维,对人的想象力和创造力有很大的限制。无论是一个人、一个部门还是整个社会,不摆脱从众的思维方式,就谈不上有真正的创新性观念。

摆脱习惯和常识的束缚　这个问题也叫知觉障碍，造成知觉障碍的原因是人们在研究问题时，经常愿意采取"非此即彼"的两端论法、或坚持守旧习惯、或坚持书本上的知识体系。

多参加振脑会议　当某个问题你自己难以解决时，应当提交到定期举行的"讨论会（seminar）"上，让大家议论。这样一个人可能首先提出一个不寻常的方案，另一个人很快又想出了另一个主意，第三者又提出一个可能是荒唐可笑，但能部分改进前面建议的想法。通过这样的讨论，可能会产生不是哪一个成员都能单独想出来的巧妙方案，这就是"振脑法"。

营造随意的气氛　在开发创造力方面，最主要的是营造一种随意的气氛。大家在讨论问题时，不要急于对各种观念和意见进行评价、下结论，谁也不要怕自己所提出的意见会被大家否定、受人嘲笑，这样新的观念就不会受到抑制。

取长补短　对一个人而言，在任何情况下都可能有束缚自己思路的障碍发生。但在一个能够互相交流的群体中，一个成员可以接受另一个成员的观念，新主意就会层出不穷，创新观念就来自于广泛地取长补短的过程中。

二、研究过程应该注意的问题

这里要提到的问题，在前面或许已有论述，但由于是初步进行科学研究者经常出现和遇到的问题，有必要再次进行强调和说明。

初步研究者常存在10大缺陷　①缺乏恒心，办事有"始"无"终"。②处事无常识，不知道什么叫社会，什么叫做事情。③无自律精神，不遵守起码的作息时间。④懒惰，即做任何事，都要经常鞭打、指教。⑤没有吃苦精神。⑥说话、做事情无场景感，随意说话、提要求。⑦无头无脑，不知道及时分析、处置问题，凭想象处理实验。⑧什么事情都是自己的重要。⑨办事能力低下。⑩个人教养和交往能力差。

科学研究与个人修养　这个问题可以归纳为7点，即：①扩充知识。②活化思维能力。③提高解决问题能力。④加强追求科学的求实意识。⑤锻炼吃苦耐劳精神。⑥培养合作交流精神。⑦训练社会活动、组织演说能力。

理解科学研究的意义　①对自身而言，有利于提高构思、设计、解决问题的能力。②对科学而言，可以解决自然界中某一未知的科学问题。③对社会而言，能够解决生产、人类生活中某一难题。④对课题而言，必须负责任地完成所承担的研究任务，并提出见解。

理解从事科学研究的目标　①自身提升目标，即学识水平和能力达到什么层次，讲演和表达水平怎样提高。②解决问题目标，即对所研究的问题解决到什么程度。③创新发现目标，即能够发现什么样的新技术、新问题。④论文质量目标，即完成的论文能够达到什么样的档次。⑤竞争意识目标，即是否能够在自身水平的提高、解决问题能力和技能的增强、知识水平的增多等方面与别人进行多方位的竞争比较。

不夜郎自大、仔细设计实验　科学研究具体到实际试验、调查、分析时，每一个步骤都很具体和明确，每个研究者都必须清楚怎么做，其实要做好并不容易，要取得好结果更不容易。所以，很多初步入门者总认为自己什么都知道、什么都懂，但真正的动起手来后98%的都要失败，失败后不寻找自身的原因、改正过失、采取补救措施，而是找借口进行推脱。

要能够在研究和实验中达到失败率或失误率为零的水平，唯一的办法是：①对常识性的技术和方法，更要注意听取别人的意见，很多自认为不会有问题的试验或研究技术、过程，是最容易出问题的环节。②当你设想了一个技术或研究方案后，应当再构想第二个、第三个，作为第二个、第三个失败后的替补，以避免第一个、第二个、第三个失败后试验陷入困境而失措。③特别重视正式研究或试验前的准备，准备工作包括思想准备，即准备迎接失败和修改研究及试验方案等；技术准备包括准备多套试验、具体试验技术；物质准备包括仔细检查试验研究中所需要的材料是否全部准备妥当，仪器是否经过了调试，不要在实验开始或行进过程中才发觉缺少了什么材料，而这种材料还不容易得到，这样已经开始的试验就要停止，甚至要从头开始设计。④空暇时间仔细思考自己设计的试验方案和过程，对将要使用的技术更要认真思考，只有多动头脑才能发觉和解决新问题，获得新的发现和创新。⑤任何实验和研究都要亲自动手完成，绝不可找人帮忙做；依赖别人帮忙完成试验和研究，虽然可以不费力气而得到结果，但最终理解试验和研究本质的不是你自己，当你在分析试验结果时，由于对实验过程和实质不理解，分析也不会透彻和完善。

重视试验和研究方法的借鉴　许多初步涉猎科学研究者，均不重视对研究文献的阅读，只查阅了1~2篇文献就认为对研究范围、方法等等掌握了，部分只查看了题目、不看内容就认为什么都知道了，还有一部分看文献不领会其含义、走马观花；如果所查看的那1~2篇文献属于伪劣文献，其后果就可想而知。要真正的会使用文献，借鉴其方法，并对过去使用的方法或技术进行改进，要注意：①正确设计和使用检索词，譬如要进行"糖在杨树体内的代谢规律研究"，理解力和水平差的设计者使用的检索词可能就是"杨树"、"糖的代谢规律"，结果只能查到"紫茎泽兰生长发育过程中糖、激素、单宁、黄酮的变化"1篇相关文献，若这时就认为这篇文献中的技术和方法最好，或者认为杨树中糖的代谢别人没有进行过研究，自己也没有办法研究。应该知道，需要你做研究，就是要你去了解前人没有做过或者没有想到去做的事情，别人已经做过了，你再重复前人的研究也没有什么意义。所以，对该研究的检索词还应该仔细分解和设计，最好是"糖"、"植物"、"代谢"，而不直接使用"杨树"，这样就扩大了检索范围，可以检索到许多你想了解和知道的技术和方法。②对检索到的资料进行归类和分析，特别应仔细地阅读实验技术和方法，启迪自己的研究思路、设计或改进研究方法，以便获得新的研究结果。③在仔细研读所检索到的资料的结果分析、讨论（或小结）部分时，看别人通过对什么样的实验技术，得到了什么样的实验数据，并如何进行分析，找到了什么规律和结论。④不抄袭别人的研究结论，更不能以为那些文献中的结论全部都是可靠和正确的；别人的研究结论可以用来支持你的研究结果，验证自己结论的正确性，或者将你的研究与文献进行比较以发现别人的不足，或者还可能有新发现。

顽强拼搏、坚持好学　进行科学研究本身就是学习，不过这种学习与课堂学习有很大的差别。①学习技术，我国的课堂教学基本是灌注方式，学生只能学到一些基本的理论；而研究则不同，是理论与实际技能相结合的一种学习方式，同样的理论在研究实践中可能蕴涵很多种不同的技术和方法，只有在实验实践中才能体会其意义。②学习那些过去没有接触和见闻的新理论、新知识、新经验。试想一个人如果仅靠学校的课堂知识，就能够在生活、工作中解决所有科学研究中的问题，那岂不是所有从大学毕业的人都可以像爱因斯坦那样成了世界伟人。所有毕生从事科学研究和类似工作的人，都能够认识和体会到，大学学习只不过是将你引入了人类知识宝库的门口，进门时还有个门槛，这个门槛就是研究和工作中遇到不知道的知识和技术，尤其是技术设计，这时就必须再向书本或别人请教学习。只有这样，你的知识才会更充实，你的本领和水平才能高人一等。③虚心好学，敢于接受批评。在向别人请教时、尤其向导师请教时，不应对训斥抱有反感和抵触，要知道你自己的目的是弄清楚问题，而不是抱回一堆反感情绪；要请教的问题你自己肯定弄不明白，也可能很简单，遭人训斥很正常，训斥者训斥你后肯定要给你说明白，而有时候不遭人批评，思维水平和记忆能力很难长进。④很多比较懒惰者，在接触到新的知识领域时，常见他们说话就是"那不是我学习的专业，我没有学过"，这样搪塞而懒于学习的方式是研究者最大的忌讳。很多情况下你自己明白的和完全清楚的东西，在解决新问题时可能用途不很大，只能为解决新问题提供思路或参考。虽然现代科学的分工、领域的划分很细致，但任何一个学科都是由人创立的,难道开始创立那个学科者的知识来自上帝?还不是他博学的结果吗。对你工作中需要,但又不了解的专业,要争取一切机会去弄清楚它,这样不仅丰富了你的见识,也增长了你的才干。孔子是中国历史上有名望的学者,他的学生有搞经济的、军事的、政治的,孔子的知识来自博学、勤奋和努力,并不是玉皇大帝教授的结果。⑤要特别重视学习自己不会的技术,如实验技术、分析技术、数据处理技术,这些技术可能会在研究工作中经常用到,今天不会不去学习和掌握,明天、后天,再次遇到了怎么办。

  确立时间观念 人吃饭、睡觉都有作息时间,生物也有生物钟,把握时间而生栖是所有生物都必须遵守的规律,进行科学研究也有时间限制和要求。假如某企业为了竞争和稳定市场,亟须开发一个什么技术和产品,他肯定对技术和产品的研制有个时间要求,譬如他要你一年内拿出该技术来,然后组织生产,才能超过对方,占领和稳定市场,而你四平八稳,一年还没有研制出来,这个企业就可能因产品落后而被竞争方挤出市场,企业就有可能面临生存危机。科学研究也是一样,你做的研究项目、你要写的研究论文,世界上你不知道躲藏在什么地方的人也可能在做,如果你不按计划完成任务,别人也就可能先你完成研究或发表研究论文,这样你的研究水平就肯定要落后于人,他人也可能怀疑你在抄袭已发表的研究成果。

第四节 科研项目的管理

  人类社会文明化以来项目管理就逐渐产生并强化了,尤其近30年来,项目的管理已从管理学中分离了出来,并利用一系列成功的技术、工具和方法,形成了一门相对独立的科学管理体系。

一、科研项目管理自身的特点

  项目管理的知识体系包含九大管理领域,主体领域是范围管理、时间管理、费用管理、质量管理,四个辅助领域是人力资源管理、沟通管理、风险管理、采购管理,另一项综合管理即整体管理,也叫计划管理。对科研项目而言,其知识点除了囊括一般项目管理的基本框架以外,还应突出强调以下几个方面。

  创新管理 创新一般是指人们在改造自然和改造社会的实践中,创造出不同于过去的新思想、新方法、新产品、新事物。科研项目是一种创造性的活动，这种创新既包括发现、发明所获得的成果，又包括这些成果的应用的推广。科研项目的创新管理一方面是采取各种有效的措施，创造良好的环境、灵活的反应机制，使创新在复杂的智力系统中达到最佳的效果；另一方面也包括管理上的创新，即在管理过程中，探索一种有利于达到研究目标的有效的管理与组织方式。所以，所有研究者都必须在科学研究中自觉接受科研创新管理的理念。

知识管理 科研项目中的知识管理，是指对项目组织所拥有、所能接触到的知识资源，进行识别、获取、评价，从而充分有效的发挥其作用。科研项目的成果是知识产品，科研项目的群体又是知识密集型的科技人员，因而科研管理人员的研究开发能力、知识技能、管理理念、管理能力也属于知识管理的范畴，也对创造新知识的科学研究者具有不可估量的影响力。现代知识管理模式已由层次式的监督与控制，逐渐演变为引导与激励的扁平式管理。

不确定性和风险管理 在科研项目管理中存在着大量的不确定性因素或风险，这些不确定性因素或风险的来源包括某些未来事物的不确定性——随机信息，人们对某种客观事物的客观认识上的不确定性——模糊信息，人们对某些客观事物的主观认识上的不确定性或不完备性——灰色信息。有些不确定性因素可以用量化的方法确定，例如概率论和数理统计理论、模糊数学理论和灰色系统理论，也可利用这些理论对科研项目进行分析、建模，用于项目风险的预测和决策。由于所有科学研究都可能存在不确定性因素或风险，所以任何研究都具有成功与失败的可能性，研究者了解风险管理理念并不是在研究失败时推卸责任，而是在研究过程中确立风险观念、及时调整研究方略，以最大限度地保障研究成功。

二、科研项目管理的标准模型

由于科研项目管理知识领域的特殊性，研究过程中存在不确定性和风险因素，科研项目的可交付成果是知识产品，一般项目管理的时间、费用、质量的管理目标，不能成功地控制和解决科研项目管理中因技术和知识本身的变化带来的新情况。因而普遍采用的标准模式包括进度、费用、技术创新、潜在的获利性等方面，研究者不应只埋头于具体的研究工作，还应了解管理部门的管理内容和要求，这样才能使研究工作不陷于被动。

进度管理 进度就是研究内容完成的时间与目标，任何项目在论证报告中都有相应的进度安排，科研项目管理也有着严格的时间期限要求；管理部门采用项目管理的方法和模式,对研究过程进行全程控制,以督促研究者能按时达到预期目标和要求。因此,项目组中的每个人必须按期完成领受的任务和目标。否则,即使是最领先的科研课题也会因时间的拖延,而以失败告终。

费用管理　费用管理由计划管理、成本估计、成本预算、成本控制组成,成本的管理与控制贯穿了项目的全过程。通过监控成本、分析偏差、采取措施以保证研究费用满足研究目标的要求,可避免一个好的科研项目往往由于经费预算不合理或超支而中途搁浅。

技术创新管理　科研项目的价值在于它的创新性,从项目立项开始,就要通过信息管理跟踪相关领域最先进的技术,并在此基础上进行突破。没有技术创新的科研项目就意味着研究的失败,创新程度的大小是衡量项目质量好坏的标准。

潜在的获利性管理　自然科学研究项目有别于以理论突破为主的其他研究,其本身与社会生产实践有紧密的联系。研究成果是否能用于生产实践、是否有推广应用的价值、是否能创造良好的经济效益,是进行该项管理的关键。如果在研究任务完成后,其成果只能束之高阁,那么再完美的成果也不能算获得了成功。因此,自然科学者应始终把握其研究成果的获利性和应用性。

此外,科学研究者在研究过程中,也要关注国外先进的科研管理经验和理论,将管理模式转化为具有创新性的研究模式,强化风险意识,有意识地提高研究项目成功的概率,尽最大努力提高研究成果的科技、理论和应用水平。

复习思考题

1. 科研项目的实施可以分为哪几个阶段?
2. 试谈围绕问题收集资料的必要性。
3. 试谈科研项目管理可分为哪几个方面。

参考文献

1. 黄文贵,黄维柳. 从科学研究的过程和方法看科学的人文特性. 江西社会科学,2003(3):47~49
2. 杨蕙馨. 科学研究的过程与研究设计. 科技管理研究,2003(6):111~113

3. 周宜童. 科学研究的过程和方法浅谈. 教育实践与研究, 2000 (10): 48
4. 陈功玉. 科学研究过程中的创新哲学. 自然辩证法研究, 2002, 18 (7): 28~31
5. 张文根, 任忠英. 分子学说的创立过程及科学方法研究. 商洛师范专科学校学报, 2002, 16 (3): 81~84
6. 郭永华. 教育科学研究方法的历史演进过程及其特点. 石油大学学报（社会科学版), 1999 (1): 103~105
7. 吴贻刚. 科学理论向训练方法转化的过程与方法研究. 中国体育科技, 2001, 37 (8): 9~17
8. 母小勇, 张莉华. 一个科学概念形成过程的初步实验研究. 心理科学, 2000, 23 (5): 620~621
9. 李达昌. 如何写好硕士、博士论文. 中共四川省委党校学报, 2002 (2): 93~97
10. 王悦. 科研项目管理的成功标准和风险分析. 中国科技论坛, 2005 (4): 57~60
11. 吴元梁. 科学方法论基础. 北京: 中国社会科学出版社, 1984
12. 林定夷. 科学研究方法概论. 杭州: 浙江人民出版社, 1986
13. 刘元亮. 科学认识论与方法论. 北京: 清华大学出版社, 1987
14. 王辉. 科学研究方法论. 上海: 上海财经大学出版社, 2004

第七章 科学实验设计与分析

[**本章提要**] 本章论述了科学实验的类型、性质和实验方法，实验规划与设计中的设计要素、基本原则、设计方法及实验流程的安排，概述了实验中的检测指标、实验技术与注意事项。同时，讲述了实验数据的处理、实验过程分析与总结，并列举了实验设计与分析实例。

科学研究过程中的重要环节就是进行实验设计、完成实验，并对实验结果进行分析和总结，不同性质的实验有不同的设计方式和风格，其分析方式也各不相同，但基本思路、原理和过程具有一致性。实验设计实质上是数理统计的应用方法之一，一般的数理统计主要是对已获得的数据和资料进行分析，而实验设计则是优化实验，是为取得科学研究数据而科学合理地安排实验，并对实验进行科学分析。如果实验设计得当，就可以减少实验次数、缩短研究时间、降低研究费用，并得到满意的实验结果，反之不仅难以获得理想的实验效果，还有可能导致研究和实验失败。

第一节 实验性质与目的

实验是科学理论与研究实践相联系的重要环节，即可验证、巩固预期的科学理论，还可锻炼研究者的设计实验、使用实验方法、提高实验技能，养成踏实细致、严谨认真的科学工作作风。但不同性质的实验其内涵和运行过程有所差别，研究者应切实把握其使用条件和方式。

一、三种重要的实验及其性质

实验性质决定实验设计，如果实验设计中错误的选择了实验类型，其结果将可想而知。因此，研究者应十分熟悉下述验证性、探索性、设计性实验的意义和性质。

1. 验证性实验

验证性实验是培养研究者的实验操作、数据处理、计算技能、检验一个已知结果正确性的实验。验证性实验往往是在已有的实验步骤设计框架上进行操作的过程，操作者的任务是严格按照设计步骤完成准确的操作要求，以求得预想中的实验结果。该实验强调演示和证明科学内容的活动，科学知识和科学过程分离，注重根据成熟的科学理论探究其结果，与科学理论的背景无关，但在操作过程中实验者则必须掌握操作要领和基本技能。

验证性实验通常采用"告诉—验证—应用"的训练模式，其程序一般为：已有的实验方案──→实验操作──→根据预期方案得出验证结果──→分析实验原理──→理解方案。在验证性实验的训练中，已将实验步骤的设计列为已知条件，接受训练者的任务就是理解实验原理，分析操作步骤的合理性，完成实验并进行分析，不用对实验设计负责。由于其任务是严格按照设定的实验步骤完成操作，所以对实验原理理解和操作的质量常决定实验的成败。

验证性实验能使研究者培养出严谨的科学实验素质和技能，根据科学理论设计实验、使用实验技术、准确无误地完成实验，在实验过程中排除干扰，并把握实验的运行方向。验证性实验传递了这样一种信息，即如何了解一个发现，并将这个发现的结果应用到一个确定的问题上。该实验强调实验操作和观察等智力和技能，实质上就是要求研究者从研究和实验中获得发现的本领和相关知识。因此，一个经过严谨、认真的验证性实验训练的研究者，在进行科学研究和实验时，就能够根据推测或预测的科学理论，有把握的设计和完成检验该理论的实验。

2. 探索性实验

探究性实验是通过实验来回答一个感兴趣的问题，激发实验者的好奇心，培养其科学探究能力。其目的是在假设的指引下获取支持假设或推翻假设的科学实证，实验者重视的是获取对假设有用的实验信息，从而达到验证假设的目的。该实验也是训练实验者研究和实验能力的一种方式，但强调是好奇心、探究能力的修养，为以后的科学研究与探索积累智慧和知识。探索性实验按参与实验者的活动程度可分为引导探究和开放探究两种模式。

探索性实验的程序 探究性实验的训练程序为，学习者探究科学性问题──→针对问题收集事实证据──→从证据出发形成解释──→使解释与科学知识相联系──→阐述和论证自己的解释。这一程序反映的是对一个科学结果的获得过程，其性质类似于科学实验，接受训练者能够经历科学家进行实验的体验，这种体验对实验者具有真切和客观感，对学科素质的培养扎实而有效。

引导探索实验 引导探索的训练模式是指导者提出问题，接受训练者通过对问题的思考提出假说；再按照该问题和假说指引的方向提出和设计实验程序，预测可能的结果；然后按照所设计的程序进行实验，获得实验数据，分析和解释实验数据并得出结论。这种模式虽然已被提前构建好，但留有很大的空间允许实验者在假说和数据解释的范围内去思索和创造，指导者的引导并不是刻意要引导出一个唯一的结果，而是要让实验者在探究过程中理解科学、科学实验过程并获得技能和知识。

开放探索实验 开放探索一般是由指导者或实验者提出科学的问题，实验者根据已有的知识和经验，提出假说和猜想，再设计实验程序、实验方案、完成实验、收集处理和分析数据、得出结论，然后将结论应用到新的情景加以检验。这种模式强调探索和创造，实验者以一种近似科学研究的方式进行实验训练和学习，不再强调获得结论的正确性，而是强调实验过程的独立设计和对结论的解释。

探索性实验训练在观念上认为社会中的人是一个天生的探究者，人的一生都是在不断地进行探究，学习是一种探索、参加实践是一种探索、学习科学研究也是一种探究过程。人的知识来自学习，解决事物的本领则来自亲身实践。这种观念将探索性实验学习程式表现为"存在一个实际问题——什么样的实验结果能回答这个问题——如何实施这个实验"，强调在探究过程中获得理解，科学知识和科学过程相统一。因此，探索性实验训练给实验者提供一个通过探索来学习相关知识的亲自实践的途径，将学习过程强制性地置于探究实践的背景下，这种学习实质上就是科学研究的镜像反映。

3. 设计性实验

所谓设计性实验，就是打破现成的实验方案，给定实验目的、要求和条件，由实验者自行设计实验方案和步骤，完成实验任务和要求。设计性实验也可以称为复杂的模仿性实验，是探索性实验的延伸和拓展，是初步进行科学研究者的必修项目之一。该实验主要目的是训练研究者查阅资料文献，灵活运用所学知识和技能设计并完成实验，以提高研究者发现、分析和解决某一问题的能力，在实验过程中培养其合作精神、创新意识和创新能力。

设计性实验的基本内容包括：①明确实验目的，查阅文献。②设计实验方法和实验步骤，包括实验原理、实验材料和对象、实验的例数和分组、技术路线和观察指标、数据记载表格、数据处理方法、注意事项及完成实验的时间等。③进行预实验，根据预试结果，调整或修改设计方案，完成实验。④收集、整理实验资料并进行统计分析。⑤总结分析实验资料、构思实验报告的写作形式、完成实验报告或论文。

二、实验法与应用

实验法是通过主动变革、控制研究对象以求发现与确认事物间因果联系的一种科研方法,实验法的类型很多,应根据实验目标、性质和具体内容选择使用。各种实验实质上都是一种有控制的观察过程,即有计划地控制各种条件,研究某实验因素的特征变化。但不论哪种实验法,其共同的特点是:①第一,主动变革性;观察与调查都是在不干预研究对象的前提下去认识研究对象,发现其中的问题。而实验却要求主动操纵实验条件,人为地改变对象的存在方式、变化过程,使它服从于科学认识的需要。②第二,控制性;科学实验要求根据研究的需要,借助各种方法和技术,减少或消除各种可能与科学研究无关因素的干扰,在简化、纯化的状态下认识研究对象。③第三,因果性;实验是发现、确认事物之间因果联系的有效工具和必要途径。常见的实验法的方法如下。

调查法 包括现状、发展、访谈、问卷、个案、抽样、全面调查等。

实验室实验 指在特别创设的条件下进行实验,其优点是能够精密地控制实验条件,缺点是人为作用和影响比较大。

文献法 即根据一定的研究目的或课题,通过调查文献来获得资料,从而全面、正确地了解掌握所要研究问题的一种方法。文献法被广泛用于各种学科研究中。

观察法 指研究者根据一定的研究目的、研究提纲或观察表,用自己的感官和辅助工具去直接观察被研究对象,从而获得资料的一种方法。科学观察具有目的性和计划性、系统性和可重复性。观察的类型很多,依观察者是否参与被观察对象的活动,可分为参与观察与非参与观察;依对观察对象控制性强弱或观察提纲的详细程度,可分为结构性观察与非结构性观察;按是否具有连贯性,可分为连续性观察和非连续性观察;依观察地点和组织条件,可分为自然观察和实验观察等。在科学实验和调查研究中,观察法具有扩大人们的感性认识、启发人们的思维、导致新的发现等作用。

统计分析法 指通过对研究对象的规模、速度、范围、程度等数量关系的分析研究,认识和揭示事物间的相互关系、变化规律和发展趋势,借以达到对事物的正确解释和预测的一种研究方法。世间任何事物都有质和量两个方面,认识事物本质时必须掌握事物在量方面的变化规律。目前,数学已渗透到一切科技领域、使科技日趋量化,电子计算的推广和应用、量度设计、计算技术的改进和发展已形成了数量研究法,并已成为自然科学和社会科学研究中不可缺少的研究法。

  情境探讨法　是一种不以单个原因或个人特征，而以整个处境情况和过程来观察和分析人或社会问题的方法。情境对人有直接刺激作用，是有一定生物学意义和社会意义的具体环境。在运用情境探讨法过程中，首先要明确情境的概念、分清情境与条件，其次是要认真观察和分析，第三要随时调整，矫正那些影响研究效果的不利情境因素。如贫穷、健康、能力等都是情境，而不能视为个人的特征或条件。如在探讨学生自主自学能力时，对老师在与不在、有作业和无作业时学生的学习态度和表现，应进行全面观察、并进行分析判断。

  功能分析法　是社会科学用来分析社会现象的一种方法，是生物学与人文科学中社会调查常用的分析方法之一。它通过调查和研究说明生物群体或社会怎样满足一个系统的功能或需要，而解释生物群体或社会现象。

  叙述研究法　是科学研究中简单、但必不可少的研究法，是将现象、已有的规律和理论通过理解和验证，给予叙述和解释。该法是对各种理论的一般叙述，更多的是解释别人的论证。也能定向地提出问题、揭示弊端、描述现象、介绍经验，还有利于普及工作。该方面的实例很多，有的是具有揭示性的多种调查情况的说明，有的是对实际问题的说明或对某些现状的看法等。

第二节　实验的规划与设计

  实验设计问题，一直是工农业生产、国防等领域科学研究中的重要课题，一个好的实验设计不只是能解决所研究的科学问题，也能为解决其他科学研究和生产问题提供重要的技术手段。试验方案没有通用性，一个完整而可靠的方案应根据研究者拥有的实验室、技术和条件来确定，有些时候即使一个方案设计的很好，如果没有必需的实验条件，该方案也是空中楼阁。

  实验设计的发展已经历了4个阶段。①20世纪20年代，英国生物统计和数学家费希尔提出了早期的方差分析试验设计方法，解决了许多农业、生物学、遗传学实验问题，20世纪30至40年代该方法相继应用于其他研究领域。②1949年日本的田口玄一等在方差分析实验设计的基础上，提出了传统的正交实验设计，该方法在很多领域得到了应用。③1957年田口玄一将方差分析试验设计与正交实验设计相结合，提出了稳健性实验设计，开辟了在工农业生产和研究中更为重要、应用更加广泛的实验设计领域。④第二次世界大战期间为处理电子产品的不可靠问题又产生了可靠性设计，可靠性实验设计于

20世纪60年代，应用于机械设计，该设计从实验的质量与可靠性出发，提出了实验设计的方法、原理和程序、实验数据的收集与分析技术，并衍生出了诸如可靠性建模、验证、计算、统计等。

一、实验设计的思路与基本原则

科研工作者在进行科学研究之前，需要制定完善的研究设计和方案，那么什么样的设计方案才称得上是完善的呢？一般来说，完善的设计方案需具备以下几个条件：实验所需的人力、物力和时间资源，实验设计均符合专业和统计学要求，实验数据的收集、整理、分析等有一套规范的规定和正确的方法。而其中准确把握统计研究设计的要素和原则是科学实验设计的核心。

（一）实验设计的要素

实验要素很多，包括实验所拥有的客观条件，如实验室、实验对象、设备仪器等，也包括研究者自身条件，如知识、技术、经验等。但在设计实验时应注意的主要的要素如下。

实验对象 实验所用的材料即实验对象。实验对象选择的合适与否直接关系到实验实施的难易度，及别人对实验新颖性和创新性的评价。在一个完整的实验设计中，所需实验材料的总数称为样本含量，设计者应根据特定的设计类型估计出较合适的样本含量，样本过大或过小都有弊端。

实验因素 所有影响实验结果的条件都称为实验因素，实验研究的目的对实验的要求不同，影响实验的因素也不同。若在整个实验过程中影响观察结果的因素很多，就必须结合专业知识，对众多的因素做全面分析，必要时做一些预实验，区分哪些是重要的实验因素，哪些是非重要的实验因素，以便选用合适的实验设计方法妥善安排这些因素。水平实验因素选取的过于密集，实验次数就会增多，许多相邻水平的因素对结果影响十分接近，不仅不利于研究目的的实现，还将会浪费人力、物力和时间；同时，也难以真实地反映出相近因素对实验结果的影响规律，易于得出错误的结论。在缺乏经验的前提下，研究者应进行必要的预实验或借助他人的经验，选取较为合适的若干个水平因素，设计实验。

在农林业和生物学研究中，不论农林作物还是微生物，其生长、发育及最终所表现的产量受多种因素的影响。其中有些是自然因素，如光照、温度、水分、土壤、病虫害等；有些是属于栽培条件，如肥料、农药、农艺措施等。因此在开展科学实验时，就需要在固定大多数因素的条件下研究一个或几个因素的作用，从变动一个或几个因子的不同处理中，比较鉴别出最佳的处理。

实验效应 实验因素取不同处理水平时在实验对象上所产生的反应称为实验效应，实验效应是反映实验因素作用强弱的标志，必须通过具体指标来体现。因此，在设计实验时要结合专业知识，尽可能多地选用客观性强的指标；在仪器和测试条件的允许下，应尽可能多选用特异性强、灵敏度高、准确可靠的客观指标；对一些半客观（如pH试纸反应）或主观指标（如判断性定性指标），要规定读取数值的严格标准，只有这样才能准确地分析实验结果，提高实验结果的可信度。

（二）实验设计的基本原则

不论进行哪种实验设计，其目的就是要在所具备的条件下，完成预期的实验研究任务，取得比较理想的研究效果。因此，在进行实验设计时应参考以下原则。

1. 随机原则

所谓随机，就是要求每一个受试对象都有同等机会被分配到任何一个实验组别中去，分组的结果不受人为因素的干扰和影响。实验设计中必须贯彻随机化原则，因为在实验过程中许多非处理因素在设计时研究者并不完全知道，必须采用随机化的办法抵消这些干扰因素的影响。

要达到随机设计，就必须进行随机分配。随机分配是指在实验设计中，将研究对象总体根据研究假设、要求和规定纳入一个标准系统，再将这些受试对象随机分入实验组和对照组，以增强可比性。随机化分配的方法有多种，最简单的如抽签，但在实验设计中广泛应用的是随机数字表和随机排列表。①随机数字表内数字相互独立，全部数字无论从横、纵行等各种顺序考察，均呈随机状态排列。使用时先将研究对象编号，然后可在随机数字表的任何一个数字开始，按任意一个顺序录用。②随机排列表比随机数字表更实用，它可以简便地将受试对象随机分配到实验所要求的各组中去，也可以对处理因素进行随机排列，但不适用于随机抽样研究。

2. 对照原则

设立对照组的意义在于使实验组和对照组内的非处理因素基本一致、均衡可比。对照的形式有多种，可根据研究目的和内容加以选择，常用的有下列几种。

空白对照 对照组不施加任何处理因素。这种对照只有在处理因素很强、非处理因素很弱的情况下才能使用。

实验对照 对照组不施加处理因素，但施加某种实验因素。如在进行赖氨酸对儿童发育影响的研究时，实验组儿童食含赖氨酸的面包，对照组儿童食不含赖氨酸的面包。处理因素是赖氨酸，非处理因素即面包量在两组间则相同。

　　标准对照　实验不设立专门的对照组，而采用现有标准值或正常值做对照。由于实验条件不一致、常对实验值的可比效果产生影响，因而科学实验研究一般不用标准对照。

　　自身对照　对照与实验在同一受试对象上进行，如用药前后作为对比，但一般情况下还要求设立平行对照组。

　　相互对照　这种实验不设立对照组，而是两个或几个试验组间相互对照。

　　配对对照　将条件相同的研究对象两个配成一对，分别给予不同因素的处理，对比两者之间的不同效应。

　　历史对照　即以本人过去的研究或他人的研究结果与本次研究结果作对照，使用时要特别注意资料的可比性。

3. 重复原则

　　所谓重复原则，就是在相同实验条件下必须进行多次相互独立的重复实验，以多个重复实验的平均观察值作为实验值，借以增强实验的可靠性和可信度，重复实验次数一般控制在3~5次。

　　重复实验的作用有三点：①重复的作用是估计客观存在的实验误差，但只能由同一处理几个重复间的差异进行估算。当同一条件的实验处理有了两次以上的重复，就可以从这些重复之间的差异估计误差；如果实验没有重复处理，则无从求得差异，也无法估计误差。②重复的另一个作用就是降低实验误差，以提高实验的精确度。数理统计学已证明误差的大小与重复次数的平方根成反比，重复多则误差小。③通过重复也能更准确地估计处理效应，多次重复所估计的处理效应比单个数值更为可靠，使处理间的比较更为有效。

4. 均衡原则

　　所谓均衡，就是在各种条件（实验因素及其组合）下，受试对象受非处理因素干扰和影响的机会和数量基本相等。只有这样，受试对象所反映的实验效应，才能是处理因素客观的体现。

　　从实验结果的总结与分析角度讲，均衡原则要求除对照组缺少一个可控的处理因素外，其他条件应与实验组均衡一致。在实验设计中，无对照就无法比较鉴别，有对照没有遵循均衡原则同样也得不到正确的结论。一个实验设计的均衡性好坏，直接关系实验研究的成败。如果实验的设计丧失了均衡性，实验数据就很难是实验因素的真实体现，实验的结果就缺乏可信性。均衡性越好，就越能显示出试验组处理因素所产生的效应，从而可以减少非处理因素对实验结果的影响。因此,在实验设计时应充分发挥研究组不同成员的知识和作用,提高实验设计和方案的均衡性。

5. 最经济原则

不论什么实验,都可以设计出最优选择方案。最优方案应包括花费资金最低,人力、时间的损耗最少,实验效果最好等等。如果要用1元钱的投入,去解决1分钱的收益问题,那这个问题就没有解决的必要。为了保障所设计的实验方案是最佳的方案,必要时可以所拥有的实验条件为基础,对所设计的几种实验方案的产出(实验效果)和投入(资金、人力、时间等)的比值(越大越好)进行预测,从中选择出较为理想的实验设计和方案。

二、实验设计方法

实验设计就是进行实验的布置与管理,是研究如何合理地试排实验,并对试验数据进行统计分析,其主要内容就是将各个实验按照要求布置到实验位置。在试验设计中,为了估计并减少试验误差,提高试验精度,应遵循"重复、控制和随机"三项原则。常见的实验设计有顺序排列和随机排列的实验设计,顺序排列的实验设计,实施时实验比较方便,常用于处理数量大、精确度不高,不需作统计推论的早期实验。随机排列设计经过了方差分析试验设计、正交实验设计、稳健性实验设计、可靠性实验设计4个发展阶段,产生了用于解决不同科研和实验问题的实验设计方法;随机排列的实验设计则强调有合理的实验误差估计,以便通过实验的表面效应和实验误差相比较后做出推论,常用于精确度要求较高的实验。因此,我们现在还不能说可靠性实验设计肯定就比最早的方差分析试验设计要优越,我们应根据实验和研究的需要选择不同的实验设计方法,通过优化实验设计、提高实验效率。

实验设计是科学实验中的钥匙,解决科学问题的催化剂,实验设计比数据分析更为重要。实验设计得好,研究工作会事半功倍;反之则会事倍功半,甚至劳而无功。为了加速实验进程,减少人力和物力的消耗,应在尽可能少的实验次数下获取尽可能多的信息,这就要求对实验进行科学的规划和设计。这里我们主要介绍几类随机排列的实验设计。

1. 方差分析与试验设计

检验多个总体均值是否相等,研究定性的自变量(条件)对数值型因变量(结果)的影响,其中单因素方差分析实验只涉及一个分类自变量,双因素方差分析涉及两个分类的自变量。方差分析试验技术,如完全随机实验设计、成对比较试验设计、随机区组设计、拉丁方设计、平衡不完全区组设计、裂区设计、回归旋转设计、饱和 D—最优设计、混料试验设计、三次设计等。有关方差分析的试验设计详见 1979 年农业出版社《田间试验和统计方法》。

2. 正交实验设计

正交设计 Orthogonal experimental design 是世界各国普遍采用的一种规划实验的技术，用于研究多因素多水平的试验，是析因设计的主要方法，也是一种高效率、快速、经济的实验设计方法。它是根据正交性从全面试验中挑选出部分有代表性的点进行试验，这些有代表性的点具备了"均匀分散，齐整可比"的特点，日本著名的统计学家田口玄一将正交试验选择的水平组合列成表格即正交表。进行正交设计时，在确定试验目的和实验指标后，先挑选好处理因素、确定水平，再选用对应的正交表，最后作表头设计并列出试验方案。有关正交试验设计详见 1979 年农业出版社《田间试验和统计方法》。

正交试验设计不仅可以搞清每个处理因素对试验结果的影响情况，还可以分清因素的主次以及它们之间交互作用的关系，选出最优水平组合。正交试验设计对试验结果分析有两种方法，一种是直观分析法，另一种是方差分析法。

3. 稳健性实验设计

稳健性设计主要应用于产品开发的参数设计阶段，可使产品在成本和质量方面同时达到最佳，从而使产品具有很强的市场竞争力；稳健性设计是一种以低成本获取高质量的重要技术，其问世将质量管理从质量控制（QC）推进到了质量改进（QI）的新阶段，被称为"实验设计发展史上的第三块里程碑"。该技术普遍适用于化工、冶金、电子、机械、轻工等各种行业，有很高的推广应用价值。稳健性设计将实验因素区分为可控因素（或控制参数）和误差因素，设计时将这两类因素用正交表进行安排和实验，并利用响应模型来选择优化的可控因素组合。

稳健性设计技术首先在日本得到应用，并成为日本家用电子工业、汽车工业、钢铁工业等领域中产品质量远超美国及西欧的决定性因素之一，美国、加拿大、英国已应用于汽车、航天、机械制造、电话电报、食品等工业。例如，新日本电气公司利用稳健性设计技术改进了彩色电视机稳压电源的质量，1986 年美国电气电话公司应用稳健性设计的项目达 75 个。20 世纪 80 年代中期，该实验设计法传入了我国，首先在军工系统中应用，并取得了明显效果。

稳健性实验设计与传统实验设计的区别在于，不仅考察因子响应的平均效应，而且也考察其离散效应。因此，典型的稳健性设计包括"内表"和"外表"，内表安排可控因素，用于考察平均效应，可采用正交、析因、部分析因、折叠、中心复合设计等；外表安排误差因素，用于考察离散效应，可采用正交、析因、部分析因、均匀、综合误差因素法设计等。常见的稳健性实验设计技术，如日本田口的三张不完备的正交表，美国 Box 教授的 split-plating 法，加拿大 Jeff Wu 教授的响应模型法等。

稳健性设计适用于两种不同对象，即可计算系统和不可计算系统。前者的质量特性可利用精确的公式进行计算，所设计的实验不必实际进行，只需将条件代入公式便可计算出其质量特性值，因此规划的实验次数可多些；后者的质量特性无精确公式可计算，其数据必须通过实验测得，因此安排的实验次数应尽可能少。稳健性实验通常需进行二、三轮（重复），第一轮实验完成后，通过数据分析，找到改进的方向或有前途的区域，然后在新的区域内设计第二轮实验，如已找到了稳健性参数组合，接着再进行一定数目的验证实验。

三、实验方案与流程

一个完整的科学研究，常具有多个服务于一个共同目标，即研究目的的实验，这些实验之间具有延续性和迭代性，实验的布局和安排应使用 25% 规则和序贯装配技术，以保障有序地展开实验，充分利用已完成实验所得之信息，指导后续实验。要能够理解研究目标，根据实验条件设计出一个有执行意义的实验方案，应该把握以下几点。

明确实验目的 在拟定实验方案前应根据选题目标，查阅相关资料文献，回顾研究进展，根据研究主题形成实验设想，每个实验都有一个明确的解决问题的目的和要求，使待拟定的实验方案能围绕研究主题而逐步展开。然后根据实验的主次和先后顺序，拟定合理的实验流程和方案、并进行实验设计，在设计中应认真研究和确定实验的记载标准、预测实验过程、估计各环节的难易程度，能够把握实验的运行状态，及时处理所出现的各种问题。

实验流程（程序） 不论一个研究项目包含的实验有多少，这些实验在研究的总体布局当中肯定有主次和顺序，总体实验流程就是按照各实验的轻重缓急和相互关系，安排进行各个实验的先后次序。每个具体的实验也有多个操作环节或步骤，这些步骤也有一定的顺序，在实验前也必须编排出操作流程。如，羟基马桑毒素结构改造研究的目的是要得到杀虫生物活性更好的物质，该研究需要完成 4 个类型的实验，即分离和提取羟基马桑毒素、结构改造（又包含 3 个实验）、结构改造产生的新化合物的结构鉴定与分析、药效筛选与杀虫毒性测定，这 4 个实验的流程见图 7-1。再如某双向电泳实验，具

有样品制备、第一向等电聚焦、第二向 SDS-PAGE（聚丙烯酰胺凝胶）电泳、凝胶染色及检测、PDQuest 软件分析、质谱鉴定 6 个步骤，这个实验的流程如图 7-2。

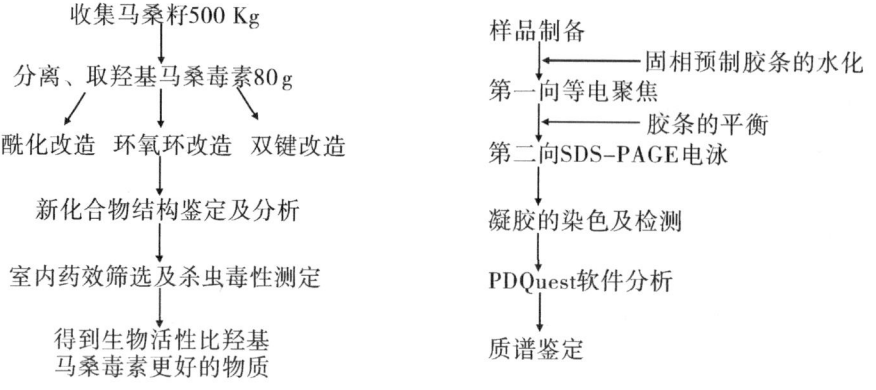

图 7-1　羟基马桑毒素结构改造研究实验流程

图 7-2　双向电泳实验流程

确定实验因素与处理　所谓处理，指的是在实验研究中欲施加给受试对象的某些因素。在实验的全过程中，处理因素要始终如一保持不变，按一个标准进行实验。在实验设计中，要根据实验观察的目的与内容，明确规定采用什么样的实验对象，实验对象中的每个实验单位必须具备的条件与要求，以保证受试对象的一致性。实验对象需要有一定的数量，数量不能太少、也不宜过多，但应满足统计分析时的最少需求数量。确定观察记载项目和记载标准实验设计要根据研究目的和任务，选择对说明结论最有意义的实验指标，或具有特异性、灵敏性、客观性的观察项目。必要的项目不可遗漏，数据资料当完整无缺，同一项目的度量衡单位必须统一、符号定义要明确；而无关紧要的项目就不必设立，以免耗费人力物力、分散注意力，拖延整个实验的时间；尔后，要按照观察项目之间的逻辑关系与顺序，编制成便于填写和统计的记载表，以便随时记录实验过程中获得的数据与资料。记载内容要详细，包括最易被遗忘的实验时间与地点、实验项目与内容、度量单位、数据的涵义等等。

资料整理与分析　在实验设计时，要对所获得的数据资料如何进行整理、要计算哪些统计指标、用什么统计分析方法、使用图还是表格反映数据所表现的规律等，必须有个初步的设想，切忌实验设计时不认真考虑，实验完成后拿着一堆数字去寻找统计分析方法。

四、实验中的注意事项

科学实验的基本要素包括处理因素、受试对象和实验效应。如，在探讨药物处理对嫁接成活率的影响时，要观察比较两种不同药物处理下的嫁接成活率，该研究中所用的两种药物称为处理因素，嫁接穗条称为受试对象，嫁接成活率称为实验效应。为了使实验设计所得结果是正确和可靠的，在实验实施过程中设计者必须注意以下事项。

受试对象（研究对象） 在科学实验中，受试对象的选择十分重要，对实验结果有着极为重要的影响。作为受试对象的前提是所选对象必须同时满足两个基本条件，即必须对处理因素敏感，反应必须稳定。在生物科学实验中受试对象多为动、植物，也可以是细胞或分子、个体、种群、群落、生态系统等，在林木优良品系的培育研究中则为特定的种类林木。

实验条件的代表性 实验条件要具有代表性是指实验条件具有重演性，并代表将来准备采用这些实验结果的地区、项目的自然条件。农、林业实验常受复杂的自然条件影响，不同年份、不同地区进行相同实验往往结果不同。为了保证重演性，首先要保证准确性和代表性，在此基础上还要了解和掌握植物生长发育的生物学特性，及代表本地区的土质、土壤肥力、海拔高度、气候和其他自然条件等。

处理因素（受试因素） 通常将有可能影响实验指标的条件称为因素。生物学科的处理因素包括生物、化学、物理或内外环境等，如施肥量、栽植密度等就可能是影响苗木产量这一指标的因素，生物本身的某些特征如年龄、个体大小、种群与结构等也可作为处理因素。能影响实验指标的因素通常可人为地加以控制或分组，所划分的组称为因素的水平，如施肥量可分为几个等级，每一个等级即为一个水平。因此，研究者在正确、恰当地确定处理因素时一般应注意以下几点：①在实验研究中以主要因素为主，所涉及的其他处理因素应根据实际需要设置，但不宜太多，否则会使实验层次增多、难以控制误差。②除了实验中确定的处理因素以外，凡是影响实验结果的其他因素都称为非处理因素，对非处理因素应采取必要的方法予以排除。如，在上述两种不同药物处理下的嫁接实验当中，非处理因素可能有嫁接者、穗条长短、药物处理时间等。如果这些非处理因素不一致，则可能影响嫁接成活率及其结果的比较，因此应控制这类非处理因素、以减小实验误差。③处理因素的水平、持续时间与实施方法等，都要通过查阅文献和预备实验找出各自的最适条件，然后订出有关标准，并使之相对固定和标准化，否则会对实验

结果的评价产生影响。

  实验的检测指标 科学实验中将判断实验结果好坏所采用的标准称为指标，实验结果也必须采用一定的检测指标来反映。在生物科学研究中，描述不同科学实验效应所采用的检测指标差异较大，如实验目的为判断杀虫剂杀虫效果而采用昆虫的死亡率作为实验指标，反映苗木生长状况的指标常采用苗木地径、苗高、生物量、高径比、地上生物量与地下生物量之比等；反映毛竹笋品质的指标可采用总糖、蛋白质含量、总氨基酸量、纤维素含量等。但不论科学实验研究的问题如何，选择反映实验效应的检测指标时必须考虑以下要求：①指标的关联性，选用的指标必须与所研究的科学实验（课题）具有本质性联系，且能确切反映被试因素的效应。②指标的客观性，指标数据来源决定它的主、客观性质。主观性指标来自观察者或受试对象，受到的干扰较多、一般尽量少用；客观性指标是指通过精密设备或仪器测定的数据，能真实显示实验效应的大小或性质，它排除了人为因素的干扰。③指标的灵敏度，通常是由该指标所能正确反映的最小数量级或水平来确定，一般要求其灵敏度能正确反映处理因素对受试对象所引起的反应。如溶液中物质含量的测定，除测出下限值以外，还可测出最低改变浓度来反应灵敏度。④测定值的精确性，精确性是指标的精密度与准确度。准确度是测定值与真实值接近的程度，精密度是重复测定值的集中程度。从设计角度来分析，第一强调准确，第二要求精密。指标的精确性除与检测指标的方法、仪器、试剂及实验条件有关外，还取决于研究者的技术水平及操作情况。⑤指标的有效性，指标的有效性是由其敏感性（敏感度）与特异性（特异度）所决定。敏感性和特异性是诊断实验本身所固有的特性，比较稳定，受研究对象的影响很小，但受人们选定的判断标准（临界值）的影响较大。

  实验指标、测定结果的分析 实验指标是反映实验目的的标准，其选择必须遵循相应的原则。实验指标测定结果的准确度和精确度必须可靠，在实验的全过程中，务必要尽最大努力准确地执行各项实验技术，力求避免人为差错，特别要注意实验条件和非实验条件的一致性，以保证实验指标的可靠性。实验结果最基本的统计分析方法是方差分析，因此实验结果数据须满足方差分析的基本模型要求，如正态、独立、方差等要求，若不满足则需采取相应措施，如数据转换等使之满足分析的要求；在实验数据的结果分析中，应尽量避免采取直接的数据大小的比较法进行分析，应采取数理统计分析技术中的方法或专用分析软件等处理实验数据，使分析结果更为可靠。

第三节　实验数据处理与结果分析

实验数据处理与结果分析是指从整理数据开始到得出最后结论的整个加工过程，包括对所记录数据的整理、计算、分析和绘制图表、规律和现象描述等。数据处理和分析是科学实验工作的重要内容，涉及的内容很多，包括如列表法、图解法、逐差法、最小二乘法等等。

一、实验技术与过程分析

任何试验设计均有自身的试验设计方法，数据统计方法及分析过程。现以正交试验设计为例说明试验技术方法的实施与统计过程分析。

（一）试验技术方法事例

拟开展巨尾桉的施肥试验，其目的是考查氮、磷、钾肥对巨尾桉树高生长的影响。试验中所涉及的问题如下。

受试对象　1年生巨尾桉。

处理因素　氮肥、磷肥、钾肥，每一处理因素设置3个水平。

测定指标　树高（m）。

试验技术方法　正交试验设计，正交表为 $L_9(3^4)$。

试验具体方案　采用正交试验设计安排试验，选择氮肥（尿素）、磷肥（过磷酸钙）和钾肥（氯化钾）为肥料，各因素水平设置与水平值如表7-1，正交表选用 $L_9(3^4)$，各处理以 667 m^2 为单元，随机排列，每一试验重复3次。于3月施肥，年末对每一试验的所有苗木测树高求取平均值。

（二）过程分析

将 A、B、C 三处理因素分别安排在正交表的第一、二、三列上，从试验结果（表7-3）看出第1号试验指标值最大，是否 $A_1B_1C_1$ 水平组合就是各因素的最佳水平组合，可进一步进行直观分析和统计分析。

1. 直观分析

求 K 值　表7-2第一列的 K_1 表示 A_1 参加3次试验的指标之和，其他符号类似。每一列的三个 K 值之和都应等于指标值总和 T。

表 7-1　正交试验设计因素与水平

水平	处理因素（g/株）		
	氮肥（A）	磷肥（B）	钾肥（C）
1	200	100	200
2	100	50	100
3	0	0	0

表 7-2　正交试验设计方案及树高观测值

试验号	处理因素			树高（m）
	A	B	C	
1	1	1	1	2.87
2	1	2	2	2.53
3	1	3	3	2.23
4	2	1	2	1.89
5	2	2	3	1.97
6	2	3	1	2.02
7	3	1	3	1.44
8	3	2	1	1.69
9	3	3	2	1.56
K_1	7.63	6.20	6.58	
K_2	5.88	6.19	5.98	T=18.2
K_3	4.69	5.81	5.64	
R	0.98	0.13	0.31	

求极差 R　R 值在 A 列上的数据表示 A 因素三个水平的平均指标之极差，即（$\max K_i - \min K_i$）/试验次数。极差越大的因素对指标的影响愈显著，本例中处理因素 A 为主导因素。从极差值可以看出，因素的主次关系为 $A \rightarrow C \rightarrow B$。

按以上步骤对问题作出分析的过程称为正交试验的直观分析。更进一步的、精确的分析应采用方差分析。

2. 方差分析

方差分析统计模型为 $y_{ijk} = \mu + \alpha_i + \beta_j + \gamma_k + \varepsilon_{ijk}$（$i$，$j$，$k$=1，2，3）；式中 α，β，γ 分别为因素 A，B，C 的主效应；ε_{ijk} 为随机误差产生的效应，μ 为总平

均效应。

①作统计假设

原假设 H_0：$\alpha_1 = \alpha_2 = \alpha_3 = 0$；$\beta_1 = \beta_2 = \beta_2 = 0$；$\gamma_1 = \gamma_2 = \gamma_3 = 0$

备择假设：H_1：α_1，α_2，α_3 中至少两个不等；β_1，β_2，β_3 中至少两个不等；γ_1，γ_2，γ_3 中至少两个不等。

②计算各项离差平方和

校正项 $C = T^2/n = 18.2^2/9 = 36.8044$ $L_T = \sum_{i=1}^{n} y_i^2 - C = 1.703$

$L_A = \frac{1}{3}\sum_{i=1}^{3} K_{Ai}^2 - C = 1.458$ $L_B = \frac{1}{2}\sum_{i=1}^{3} K_{Bj}^2 - C = 0.033$

$L_C = \frac{1}{3}\sum_{i=1}^{3} K_{CK}^2 - C = 0.151$ $L_e = L_T - L_A - L_B - L_C = 0.061$

在方案设计时最好留有空白列，并将其视为与误差项对应的因素，这是进行方差分析的要求，否则只有通过试验重复才能得到误差项的估计量。

③确定各项自由度　总自由度=总试验次数−1=9−1=8　各处理自由度=水平数−1=3−1=2

④列出方差分析表　列出方差分析表如表7-3，分析结果认为施氮肥对1年生巨尾桉树高生长存在显著影响，而施磷肥和钾肥对1年生巨尾桉树高生长不存在显著影响，处理因素水平的最佳组合为 $A_1B_1C_1$。

表7-3　方差分析表

变异来源	离差平方和	自由度	均方	均方比	临界值
因素 A	1.458	2	0.7290	23.9016	$F_{0.05}(2, 2) = 19.00$
因素 B	0.033	2	0.0165	0.5410	$F_{0.05}(2, 2) = 99.00$
因素 C	0.151	2	0.0755	2.4754	
误差	0.061	2	0.0305		
总和	1.703	8			

二、实验数据处理与统计检验

实验前必须进行适当的实验设计，以减少实验工作量和数据处理的工作量，以求用最小的实验工作量得到最可靠的信息。实验后，必须对科学实验中所取得的实验数据进行处理，必要时建立相应的模型，以便于控制、预测或了解实验对象反映过程的机理。

(一) 实验数据的误差分析

真值 真值是指实验中测定指标客观存在的确定值,但它通常是未知的。由于误差的客观存在,真值一般常无法测得。当测量次数无限多时,根据正负误差出现的概率相等的误差分布定律,在不存在系统误差的情况下,它们的平均值极为接近真值。故在科学实验中真值的定义为无限多次观测值的平均值。但实际测定的次数总是有限的,由有限次数求出的平均值,只能近似地接近于真值,平均值也可称为最佳值。

平均值 在科学实验中常用的平均值有下面几种。算术平均值、均方根平均值、几何平均值、加权平均值。

误差的分类 根据误差的性质和产生的原因,可将误差分为系统误差、随机误差、过失误差三类。①系统误差是由某些固定不变的因素所引起的,这些因素对结果的影响永远朝一个方向偏移,其大小及符号在同一组实验测量中完全相同,误差随实验条件的改变按一定规律变化。产生系统误差的原因包括测量仪器方面的因素,环境因素,测量方法因素,测量人员的习惯、偏向或动态测量时的滞后现象等。针对以上具体情况,系统误差可分别用改进仪器和实验装置以及提高测试技能予以解决。②随机误差是由某些不易控制的因素所造成的。在相同条件下做多次测量,其误差数值均不确定,时大时小、时正时负、没有确定的规律,这类误差即为随机误差或偶然误差。产生这类误差的原因常不明,因而无法控制和补偿。但随着测量次数的增加,随机误差服从统计规律,其算术平均值趋近于零,所以多次测量结果的算术平均值将更接近于真值。③过失误差是一种与实际事实明显不符的误差,误差值可能很大,且无一定的规律。它主要是由于实验人员粗心大意、操作不当所造成,如读错数据、操作失误等。存在过失误差的观测值在实验数据整理时应该剔除。

(二) 实验数据处理与检验

实验数据中各变量的关系可表示为列表式、图示式和函数式。①列表式是将实验数据制成表格,它显示了各变量间的对应关系,反映出变量之间的变化规律,它是标绘曲线的基础。②图示式是将实验数据绘制成曲线,它直观地反映出变量之间的关系。图示式在报告与论文中几乎都能看到,而且为整理成数学模型(方程式)提供了必要的函数形式。③函数式是借助于数学方法将实验数据按一定函数形式整理成方程即数学模型,它是将一组实验数据用数学方程式表达出来，也是最为精练的一种表示方法。该方法不但方式简单而且便于进一步求解，如积分、微分、内插等。但使用此法时，首先要找出变量之间的函数关系，然后将其线性化，进一步求出直线方程的系数，即斜率 b 和截距 a，就可写出方程式。求直线方程系数时一般用最小二乘法，其根据是使误差平方和最小，以得到直线方程。对于（x_i，y_i）（$i=1$，2，$\cdots$，n）表示的 n 组数据，线性方程 $y=a+bx$ 中的回归系数就可以用此种方法计算得到。

实验数据的统计检验主要采用差异显著性检验、方差分析等方法，也常采用统计推断、回归分析、χ^2 检验等方法。具体应使用哪种方法，应视具体的试验设计方法和统计需要选用，但常用的主要是差异显著性检验和方差分析两种。

三、实验结果分析与小结

实验结果分析与小结是科学实验的收获阶段，对实验结果的分析是一项富有创造性的劳动，它充分反映研究者的独立思考和独立工作的能力。

（一）实验结果分析的主要任务

处理实验结果 科学实验所获得的资料数据，必须经过处理，才能得出结论。实验结果的处理，就是综合应用数据统计和思维推理的方法，对实验所获得的感性认识成果进行整理、加工、分析和概括，作出总结性的结论。

形成新理论 经过实验结果的处理，如果发现假设得到证实，就要进一步采用诸如科学抽象、理想化和思想模型等以某种间接认识为特征的认识方式、方法和形式，深入全面地揭示科学实验活动中科学现象的本质特征和内在联系，完善假设，建立起反映自然现象与规律的科学理论。

科学实验小结 科学实验全部结束之后，就要进行评价与小结，以鉴别其优劣、成败及理论价值、实践意义，进而决定是否推广运用等等。因此，应从实验数据分析的结果中归纳出有关结论，给予生物学的解释，评价这些结论的实际意义，假若一次实验不能得到明确的结论，则应进一步安排实验、继续探讨。

撰写实验报告 实验报告是科学实验成果外化的载体，是对实验内容、进程、方法和结果的系统化表述。撰写实验报告，意味着一个完整科学实验过程的结束，但又标志着下一轮实验的开始。

（二）实验结果的显示方法和形式

描述法　对于不便用图形及表格显示的结果可以用语言描述，但要注意语言的简练和层次，注意使用规范的名词和概念。

波形法　指实验中描记的波形或曲线（如动植物呼吸、自动降雨记录等），经过剪贴编辑，加上标注和说明，可直接贴在实验报告上，以显示实验结果。波形法较为直观清楚，能客观地反映实验结果。

表格法　对于计量或计数资料可用列表的方式表示，对于原始图形的测量结果也可以用表格法显示。表格法所反映的实验结果清晰明确，便于与同时显示的统计分析结果进行比较。

简图法　将实验结果用柱图、饼图、折线图或逻辑流程图等方式表示，该法所显示的实验结果比表格法更为直观。所表示的内容可以是原始结果，也可以是经过分析、统计或转换的数据。

四、撰写实验报告

撰写实验报告，就是运用所掌握的理论知识，通过分析思考，尝试对实验中出现的现象及结果作出解释。在对实验进行透彻分析的基础上，应对实验项目所涉及的概念、原理或理论作出简要小结，并紧扣实验内容得出结论。如果在实验过程中出现非预期的结果，应考虑并分析可能出现的原因；对实验中未能得到充分证实的理论分析，则不应当写入结论之中。实验报告的内容包括实验目的、简明原理、简单操作步骤及流程图、原始数据、数据处理、结果讨论。一般说来，实验报告的撰写，没有一个统一的格式，但其结构主要应包括以下内容。

题目　实验报告的题目应与实验的课题相符，反映实验的中心思想和主要内容。实验报告的题目还应达到简练、醒目的要求，题目的字数不宜过多。

署名　署名是表示研究者对该项研究及报告的负责。科学实验报告的署名可以是学校单位或研究机构单位，也可以是几个单位或几个主要负责实验的人员联合署名，也可以是个人署名。

前言　前言是实验报告的序言，应简明地说明是在什么情况下提出这一实验课题，这一实验的目的、意义，目前国内外研究现状、问题及趋势，以及该项研究所要解决的主要问题等。

实验目标及原则　前言之后，是实验报告的正文，在正文部分中，一般是先阐述实验目的及原则，使读者对实验有个概括性的把握。它应该文字简练、语言明确,概括出全部实验的中心思想和基本要求。

实验内容或实验因素 一项科学的科学实验,应该有确定的实验因素,尽管实验的内容是多方面的、复杂的,也应该有确定的实验因素;否则,不能称之为科学的实验。在撰写实验报告时,一定要将实验的因素交代清楚,使读者了解究竟是做了哪方面的实验。

实验过程与方法 这一部分是要将实验对象的挑选、实验预处理、实验因素控制、具体的实验仪器与方法等各方面的情况,如实地反映出来。评断一项实验是否科学,不在于实验的目的和原则很高,而在于实验的方案与方法是否科学、合理。

实验结果与分析 一般是运用数据分析和逻辑推理,将实验的结果表述出来。对实验的结果,不仅分析实验数据与现象,还应对这些现象进行归因分析,进一步揭示事物、现象的内在联系与发展规律,并对实验的价值作出判断。同时,还应指出实验工作中的不足和应改进的方向,对那些尚未明确的问题应留有余地,可留作讨论或进一步作补充实验。

讨论 结果讨论应包括对实验现象的分析解释、查阅文献的情况、对实验结果误差的定性分析或定量计算、实验的心得体会及对实验的改进意见等。在有的科学实验报告中,还将所做实验的作用、价值以及与实验有关的问题专列一目提出来进行讨论。

附录与附表 实验中一些重要的参考文献、实验材料和统计图表、工具设备等,在实验报告文章中未能全部引用,又有必要提供出来参考时,可附在实验报告的文后。

第四节 实验设计与分析实例

本节将根据上述有关实验设计的原理,以品种区域试验中的田间实验为例,简要说明实验计划的拟定、实施等内容。

一、方案设计

制定田间实验计划 在开始实验之前,应明确实验的目的、要求、方法,以及各项技术措施要求,以便按时完成实验任务。

确定田间实验计划内容 田间实验计划主要包括实验名称、实验目的、实验年限和地点、实验地基本情况、实验处理方案、实验设计、整地及田间管理措施、田间观察记载项目及标准、实验资料统计方法及要求、实验负责人与执行人等。

编制田间种植计划书　种植计划书是把实验处理安排到实验小区作为实验记载本之用。肥料、栽培、品种等比较实验的种植计划书比较简单，内容主要包括品种名称、种植区号、记载项目等。一本种植计划书用于田间种植，播种后绘制田间种植图，并附于种植计划书之前，便于观察记载。

实验地准备和种子准备　实验地应选择肥力均匀一致、质地良好的田块。进行精细整地，然后按照实验设计要求和田间种植计划划出实验区、实验小区、走道、保护区等。在整地同时，做好种子的准备工作。并按照种植计划书顺序准备种子，根据计算好的播种量称取或数好种子，分袋包装并编号。需要进行种子处理的应做好包衣等处理。

做好播种及田间管理工作　播种前按照预定的行距开好播种沟，排放种子袋，按照要求进行播种。出苗后及时进行查苗补种。试验田的管理一般按照丰产天标准进行，在执行时除实验设计的处理间差异外，其他管理措施力求质量一致。

做好田间实验观察记载工作　田间实验常用的观察记载项目有气候条件如温度、降水等，田间农事操作记载，作物生育期记载，收获期室内考种等。

二、实施方案

以第八轮国家甜荞品种区域试验实施方案（2006-2008）为例说明。

1. 试验目的

通过国家甜荞品种区域试验，鉴定各省选育和引进的甜荞新品种（系）及筛选的地方品种在不同生态条件下的适应性和生产力，从中选出适应性广、高产稳产、生物类黄酮含量高，符合国内外市场需要的优良品种，为国家甜荞品种鉴定、登记提供科学依据。

2. 参试品种（系）、编号及供种单位

从国内从事荞麦育种的单位征集参试品种 7 个，选择平荞二号作为统一对照品种。具体参试品种（略）。

3. 参试单位、试点及负责人（略）

4. 试验设计

①本轮区试于 2006—2008 年进行。2008 年区域试验与生产试验同步进行。②随机区组排列，重复 3 次，小区面积 10 m（2 m×5 m）。行距 33 cm，各试点根据当地生产情况确定留苗密度（一般留苗 60~90 万株/公顷）。③田

间管理略高于大田水平，产量结果用变量分析（其余略）。

5. 田间管理

①选地势平坦，茬口一致，地力均匀，肥力中上等的旱地或有灌溉条件的田块作为试验地。

地力水平高于大田生产。②播期以当地适宜播期为准，播种要求深浅一致、均匀。生育期间注意田间管理和荞麦钩刺蛾等虫害防治。③成熟后分小区收获、脱粒、晾晒（其余略）。

6. 供种

①甜荞区试每年提供种子一次。由主持单位统一分发各试点。②参试品种实行统一编号，编号3年不变。

7. 田间记载和室内考种

①田间管理：整地质量、施肥、灌水、中耕除草、倒伏情况、病虫害防治等。②生育期：播种期、出苗期、开花期、成熟期等。③形态特征：花色、粒色、株型、粒形。④经济性状：株高、有效分枝数、单株粒重、千粒重、产量（其余略）。

8. 试验总结

①各试点应按调整后的区试方案实施，品种（系）编号、顺序不得随意变更。②试验资料按统一格式A4填写。③试验的计量单位统一为g，kg，cm，m，m^2，hm^2。④年度试验结束后，应在2个月内写出书面总结，并附试点试验期间的气象资料（其余略）。

复习思考题

1. 实验测定指标的选择应满足哪些要求？
2. 在试验设计方法中，目前主要有哪些方法？
3. 实验误差主要有哪几种类型？
4. 实验结果分析与小结工作的主要任务包括哪些？
5. 实验报告主要由哪几部分组成？
6. 实验设计方案制定应注意哪些问题？

参考文献

1. 杨建军. 科学研究方法概论. 北京：国防工业出版社，2006：10~12
2. 王晖等. 科学研究方法论. 上海：上海财经大学出版社，2004：160~168

3. 杨玉辉. 现代自然辩证法原理. 北京：人民出版社，2003
4. 洪伟，吴承祯. 试验设计与分析. 北京：中国林业出版社，2004：136~250
5. 陈魁. 试验设计与分析. 北京：清华大学出版社，2005
6. 陈华豪等. 林业应用数理统计. 大连：大连海运学院出版社，1988
7. 盛力强，李志强. 现代教学设计论. 杭州：浙江教育出版社，1998
8. 盖钧镒. 试验统计方法. 北京：中国农业出版社，2005
9. 黄自兴. 稳健性设计技术——（Ⅰ）综述. 化学工业与工程技术，1996，17（2）：11~13
10. 黄自兴. 稳健性设计技术——（Ⅲ）稳健性实验的设计. 化学工业与工程技术，1996，17（2）：19~25

第八章 科技论文撰写

[**本章提要**] 本章首先介绍科技论文的内涵、类型、特点、构成要素，重点阐述了科技论文各环节撰写的基本要求、方法及注意事项，最后引入有关农业工程设计论文一篇，以作示样。

科学技术论文包括纯技术论文和学位论文两类，主要用于展现科学技术研究及其成果，其功能在于进行成果推广、信息交流、促进科学技术的发展。科技论文是科技工作者在科学研究、实验的基础上，对某些现象或问题进行专题研究、分析和阐述、揭示其本质和规律而撰写成的文章。撰写科研论文是进行科技交流的基础，是科研工作必不可少的重要环节，也是科研工作者的一种基本技能，还是考核科技人员业绩的重要标准。科技论文的发表是研究者的工作为社会所公认的标志，其成果将载入人类知识宝库，成为人类共享的精神财富。

第一节 科技论文的类型与特征

科技论文是反映科技水平、开展学术交流的重要手段，对于推动人类社会发展和科学技术的进步起着极为重要的作用。但科技论文与一般议论文不同，它是一种对自然科学或社会科学某一专业、学科领域里的某一课题进行探讨、研究、分析、论证的规范性说理文体。

一、科技论文的类型

科技论文有很多种不同的类型。按学科的性质和功能可分为基础学科论文；技术学科论文和应用学科论文；按论文内容所属学科、专业可分为数学论文、物理论文、化学论文、天文学论文、机械工程技术论文、建筑工程技术论文等等；按研究和写作方法可分为理论推导型学术论文、实（试）验研究型学术论文、观测型学术论文、设计计算型学术论文、发现发明型学术论文、争鸣型学术论文、综述型学术论文等；按照写作目的和发挥的作用则可分成学术性论文、技术性论文、学位论文等。根据论文发布的形式，科研论文可以分成以下类型。

（一）期刊论文

期刊论文一般包括专论、研究简报、综述与评论、技术应用。

1. 专论

专论是指研究者对某专业或领域进行科学研究后，就某一个专题或发现或理论问题进行深入探讨、详尽分析而撰写的专业性论文，其内容主要介绍创新性研究成果、理论性的突破、科学实验或技术开发中取得的新成就。与其他类型的论文相比，这种类型论文的数量最多，常见的有如下几种类型。

理论推导型　是对基础性科学命题的描述与讨论，其写作要求科学、准确、逻辑推理要严密，并准确地使用定义和概念，力求得出无懈可击的结论。①论证型：对基础性科学命题的论述与证明，或对提出的新的设想原理、模型、材料、工艺等进行理论分析，或对某问题进行论证完善、补充及修正。②理论分析型：对新的设想、原理、模型、材料、工艺、样品等进行理论分析，对已有的理论分析加以完善、补充或修改。③理论推导：对提出的新的假说，通过数学推导、逻辑推理，从而得到新的理论、定义、定律和法则等。

实（试）验研究型　针对科技领域的一个学科或一个专题，有目的地进行调查与考察、试验与分析，或进行相应的模拟研究，进而得到系统的观察现象、实验数据或效果比较等原始资料和分析结论。该类论文占现代科技论文的绝大部分，但不同于一般的试验报告，其写作重点应放在研究上，追求的是可靠的理论依据，先进的实（试）验设计方案，先进、适用的测试手段，合理、准确的数据处理及科学、严密的分析与论证。

设计、计算型　为解决某些工程、技术或管理问题而进行的设计计算，包括计算机程序设计，某些系统、工程方案、产品的计算机辅助设计、优化设计以及某些过程的计算机模拟，某些产品或材料的设计或调制和配制等。

发现、发明型　记述发现事物的背景、现象、本质、特性及其运动变化所遵循的规律，及人类使用这种发明的前景与所需要的条件；阐述发明的装备、系统、工具、材料、工艺、形式或方法的性能、特点、原理及使用条件等。

2. 简讯（简报）

简讯（简报）是及时而简要报道最新研究成果、研究工作的部分，或阶段性成果（理论、实验）的文章，主要展现作者的观点、独到的研究方法与见解或新发现，但其篇幅较短，多为 2 500~3 000 字。撰写研究简报的情况包括重要科研项目中的阶段总结或小结有了新发现，某些方面有突破的新成果，重要技术革新成果，如技术或工艺突破等。

3. 综述与评论

综述是以某领域科学技术研究状况为对象，通过对国内外资料的阅读、选择、比较、分类、整理、鉴别、分析和综合，并反映自己见解和观点的文章。其目的是使读者在短期内了解某问题的历史、现状、存在问题、最新成果以及发展方向等。评论是在综述基础上进行分析、推断、评述、预测未来和提出建议的文章。综述和评论可以节约科技工作者查阅专业文献时间，为了解动态提供文献线索，从而帮助选择科研方向、寻找科研课题等。与一般科技论文不同，此类论文不要求介绍研究者的研究内容，但要求文献阅读面宽、全面和准确，对文献的理解透彻；并能在综合所有信息的基础上，有能力提出反映研究动态或发展前景的观点。因此，初步涉及科学研究者最好不要急于撰写该类论文。

此外，技术应用类期刊论文则是报道新技术、新装置的开发与应用，重点介绍方法、结果和结论。

（二）学术论著

学术论著有专著（独著、合著、编著等）、学位论文之分。

1. 专著

指著作者专门针对某一问题进行深入研究后，所撰写的具有较高学术水平和一定创造性和新颖性的著作。专著具有科学性的论点和论据，论证严谨、阐述全面，论证过程富有逻辑性和表现性。与专论相比，专著注重首创性，而不是整理、增删、组合或改编他人著作与研究论文，对问题的研究和论述更深入，对事物本质的分析更透彻，对学术观点的阐述更充分，更加富有创造性。

2. 学位论文

学位论文是大学生、研究生毕业时为申请学位而提交的学术论文，其基本要求由国家学位条例所确定。学位论文分学士论文、硕士论文、博士论文。学位论文是考核、评审大学生、研究生是否合格的必备文件，可通过对其论文的评审，从中了解、考评作者从事科研取得的成果和独立从事科研的工作能力，以决定是否授予其相应的学位。

学位论文为说明作者的知识程度和研究能力，一般论题的研究历史和现状、研究方法和过程等都有较详细的介绍；而期刊学术论文则开门见山、直切主题，将论题的背景等以注解或参考文献的方式列出。学位论文中一些具体的计算或实验等过程都较详细，而学术论文只需给出计算或实验的主要过程和结果即可。学位论文比较强调文章的系统性，而学术论文是为公布研究成果，强调文章的学术性和应用价值。

学士学位论文　学士学位论文应能表明作者确已较好地掌握了本专业的学科基础理论、专门知识和基本技能，并具有从事科学研究工作或担负专门技术工作的初步能力，应能体现作者具有提出问题、分析问题和解决问题的能力。作者应对论题所涉及的实验或调查等资料进行整理、分析、取舍和提高，进而形成自己的论点，中心论点要明确、论据要充实、论证要严密。学位论文可借鉴前人的研究思路、研究方法，以至重复前人的研究工作，但应具有自己的结论或见解。

硕士学位论文　应在导师指导下由本人独立完成，论文具有新见解，所研究的内容具有一定的工作量。该论文应能表明作者确已在本学科上掌握了坚实的基础理论和系统的专门知识，要求对所研究课题能在某方面有所改进或革新，或能提出新见解，以表明作者具有从事科学研究工作或独立担负专门技术工作的能力。

博士学位论文　应是一本独立的著作，并自成体系，编排形式是章节式结构，每章节的写作均可按一般学术论文的格式写作。论文能系统的介绍与本课题有关的研究历史与现状、预备知识、实验设计与装备、实验原理与过程、理论分析与计算、研究结论、经济效益与实例、遗留问题与前景、参考文献与附录等。以能够表明作者确已在本学科上掌握了坚实宽广的基础理论和系统深入的专门知识，并具有独立从事科学研究工作的能力，在科学和专门技术上做出了创造性的成果。该论文的创造性体现方式为：设计实验技术上的新创造、新突破，发现有价值的新现象、新规律、建立新理论，或提出具有一定科学水平的新工艺、新方法，或在生产中获得重大经济效益，或创造性地运用现有知识、理论解决了前人没有解决的有关关键问题。

（三）会议论文与研究报告

特邀报告（论文）　特邀报告（论文）是指作者受主办学术会议的主席之邀，为在大会上进行报告而撰写的会议论文。

口头报告（论文）　指在学术会议上进行口头报告的论文。

张贴论文　指在学术会议上以版面形式张贴、进行交流的论文，张贴论文与口头报告具有同等的地位，二者均被收录到大会论文集中。

研究报告　研究报告是科技工作者用来描述研究过程、报告研究成果的论文。一般是研究者为向出资者作研究情况和动态的汇报，这些论文一般不公开。

二、科研论文的基本特点

科技论文是作者运用概念、判断、推理、论证和反驳等逻辑思维手段，分析和阐明自然科学原理、定律和各种问题的文章。其基本特点如下。

1. 科学性

科学研究的目的是探索客观真理。科学性是一切学术论文的灵魂和生命，是科技论文在方法论上的基本特征，使之可与文学、美学、神学文章相区别。①在内容上，论文的内容必须可靠而真实，是客观存在的自然现象及其规律的科学反映，是实事求是科学精神的反映，其试验应该是可以重复、核实和验证的，不能弄虚作假、或以不诚实态度而主观臆断、或以个人好恶而随意的取舍素材而编造结论。②在表现形式上，结构严谨、清晰，逻辑思维严密，语言简明而确切，表达明白准确无误。③在写作上，论点正确，论据必要而充分，论证严密，具有严肃的科学态度和科学精神。

2. 创新性或独创性

或称创新性、创见性、独创性，这是衡量学术论文价值的根本标准，也是科技论文区别于一般文章的重要特征。科学研究是处理已有信息，获取新信息的一种创造性精神劳动，该劳动就在于不断开拓新领域、探索新方法、阐发新理论、提出新的见解，因而没有一点创新性的学术论文就形同废品一般。而一般的教科书、科普作品等在于传授或传播知识，只要结构合理、使人易于接受，有没有创造性的内容并不重要。

创新性主要表现在：①科研成果，必须报道新发现、新规律、阐释新见解、创建新理论、提出新问题。②科研应用，必须是对实验程序、工艺有重大改进，或是对测试的精度有较大提高，或是运用新技术、新仪器取得了新成果等等。若在引进、消化、移植国内外先进科学技术、理论解决实际问题的过程中，在一定程度上丰富了理论、促进了生产发展、推动了技术进步，可视为有一定程度的创新；但若所报道的内容虽填补了国内某一项空白，但国外早已研究和报导，则只能是重复了别人已做过的工作，不能称之为有创新。

3. 学术性

学术性或称理论性，是学术论文与其他文章的又一个根本区别。学术论文是一种论理文体，只能以学术问题作为论题，以学术成果作为表述对象，以学术见解作为文章的核心内容。它要求运用科学原理和方法，用足够的事实，如实验、观察或用其他方式所得到的结果，通过严密的理论和符合逻辑的提炼、加工与分析，对事物进行抽象的概括或论证，以揭示与说明事物的内在本质和发展变化的规律，绝不是对客观事物外部直观形态和过程的叙述，或就事论事地进行叙述。记叙文和说明文则采用完整、具体、形象的方式描述事物，一般的议论文虽然也要摆事实、讲道理，但它不一定具有学术性，也可能缺乏科学验证。学术性的主要体现如下。

研究的科学性科技论文报道的研究结果是真实可靠的、且具有可重复性，在分析论证上实事求是，提出的观点明确，推证符合逻辑；科研设计严谨合理，测试数据充分可信，数据处理恰当精确，等等。

内容的专业性科技论文表述的是某个专业领域的问题，不仅在研究内容和手段上、在理论推演与分析过程等方面具有明显的专业特色，而且在文章的结构、专业术语、图表、公式等方面也具有专业性。

4. **逻辑性与有效性**

逻辑性是科技论文的结构特点，它要求科技论文脉络清晰、结构严谨、前提完备、演算正确、符号规范、文字通顺、图表精制、推断合理、前呼后应、自成系统。

有效性是指文章的发表形式，即只有经过同行专家的审阅，并在正式刊物上发表或经过学术评审后入案存档才能有效。

5. **规范性**

不同的期刊论文虽然在语种、版面上有区别，但都具有相似的基本格式。各个国家对学术论文的撰写和编辑都制定了标准，国际标准化组织也制定了一系列的国际标准，不同学科和专业的学术机构还制定了本学科和专业的国际标准。联合国教科文组织于1968年公布了《关于公开发表的科学论文和科学文摘的撰写指导》，1987年我国国家标准局发布了《科学技术报告、学位论文和学术论文的编写格式》、《文后参考文献著录规则》、《科技学术期刊编排规则》、《文摘编写规则》等国家标准。在撰写学术论文时，必须严格遵守、熟练运用上述标准，这样所撰写的学术论文才能符合要求，便于记录、总结、贮存、传播和交流学术信息。

第二节 论文撰写要求

科技论文要求作者以规范化、标准化的固定结构模式来表达他们的研究过程和成果。这种通用型的结构形式，是科技论文内容表达形式和规律的总结，是最明确、最易令人理解的科研成果的表达形式。

一、科技论文的基本结构

我国科技论文的结构形式由 GB 7713—87《科学技术报告、学位论文和学术论文的编写格式》所规定（图 8-1）。包括题名、作者、作者工作单位、地址（单位名称、城市名、邮编）、中文摘要、关键词（3~8 个）、中图分类号、正文、致谢、参考文献及英文题名、作者姓名（汉语拼音）、单位（英文）、英文摘要及关键词。其中，尤其要重视题目、摘要、图表、结论和参考文献。

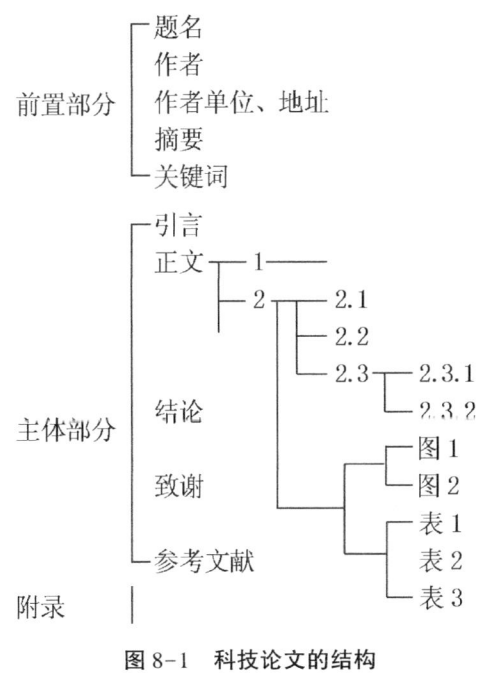

图 8-1 科技论文的结构

二、前置部分撰写要求

1. 题目

题目是研究论文的精髓,是科研信息的集中点,其作用是点明研究的问题;其基本要求是准确、简洁、新颖,能确切而概括地反映研究的范围、内容和方法,又能引人注目、具有可检索性。字数一般不超过 20 个字词,语句要合理、精练、简短;必要时可采用副标题以避免冗长,但主标题应简明,要使读者能从标题上大致了解论文的主要内容、专业研究方向及特点、科学范畴。

题目应避免使用不规范的缩写语、字符、代号,尽量不出现结构式和数学式,不宜使用艺术加工过的文学语言,更不得笼统和模糊,使用口号式的标题,切忌题目过于复杂、小内容大标题、避免使用产生歧义的标题、文题不符的标题。如太过于文学化"对机器人发展史的感慨研究",就不如"关于机器人发展史的研究"科学;再如太笼统模糊"控制论的应用",若修改为"模糊控制理论在颜色识别方面的应用"则确切得多。

2. 作者及单位

科技论文必须署名,署名的作用在于标明作者是谁,便于读者知晓和联系,表示作者对文章的内容、观点和论文发表后所产生的结果负责,明确作者对研究成果和所发表的论文享有著作权。署名与著作权法,《中华人民共和国著作权法》第十一条、第十三条有明确规定。国家对作者署名的有关规定,表明了署名的严肃性。署名可能会给作者带来荣誉,也可能会带来损害,既然是署名作者,都有责任和义务对文章发表后的结果负责。

因此,作者署名必须遵守科学道德、实事求是。绝对不允许未经本人同意,而随意将其作为署名作者;也不允许由多人获得的研究成果,只将自己一人作为署名作者。署名作者包括课题的提出者及设计者,课题研究的主要执行者,资料收集并做统计处理者,论文的主要撰写和修改者,对论文主要内容能承担全部责任,并能给予全面解释和答辩者。

科技论文的署名顺序应按其贡献大小排列、作者单位名称应按作者顺序统一标注,集体署名的文章必须明确对该文负责的通讯作者。作者姓名的排序应在投稿时就确定,在编排过程中不应再作更动,如有特殊情况,中途要求增减作者署名或变更作者署名的次序,必须进行说明。

3. 摘要

摘要又称提要,是对论文主要内容高度浓缩,并提供关键信息的一篇报道性短文。摘要质量的高低，直接影响着论文的利用率和刊登论文期刊的知名度。

摘要的主要功能　①使读者概略了解论文的主要内容，读者检索到论文题名后可通过阅读摘要以判断是否有价值阅读论文的其他部分。②论文发表后，文摘杂志或数据库可直接收录和利用摘要，为科技情报人员和计算机检索提供方便，从而避免他人编写摘要时导致误解、欠缺甚至错误。

摘要五要素　即目的、方法、结果、结论、建议，重点是结果和结论。目的即论文涉及的主题范围，方法即所用的原理、理论、条件、对象、材料、工艺、结构、手段、装备、程序等，结果即实验与研究的结果、数据、被确定的关系、观察结果、得到的效果及性能等，结论即结果的分析、研究、比较、评价、应用等。概括地讲，摘要内容应是为什么从事这项研究，完成了哪些工作，突出的成果，成果的意义，对后继续研究有无见解。

撰写要求　摘要实际上是标题的放大和论文的浓缩，用词必须十分简练，要对论文内容或论点、论据、论证的主要方法进行准确而高度的概括。①应有独立性和自明性，一般不作诠释和自我评论，不举例证、不讲过程、不做对比，不用图表、数学式、化学结构式（除非无法变通）等。②不重复论文题目已经表述过的信息，不写常识性的内容；不用"本文、笔者、本研究"等作为主语，可用"对……进行了研究"、"报告了……现状"、"进行了……调查"等。③不分段，内容按逻辑顺序来安排；文字要精炼、明白，用字严格推敲，句型力求简单、不用长句；每个论点都要具体鲜明，不采用"与什么有关"、直接讲"说明什么"，不使用概念模糊的"有些"。④使用国家颁布的法定计量单位、规范化名词术语（地名、机构名和人名），新术语或尚无合适汉文术语时，可用原文或译出后加括号注明原文；不使用商业用语，不提竞争对手的名字和产品等；不用引文，除非该文献证实或否定了他人已出版的著作；缩略语、略称、代号等在首次出现时必须加以说明，并附必要的英文单词。⑤资料性摘要不仅要概述主要论据、缩论，而且要列举关键性的数据材料。⑥字数一般不超过全文的3%、约200~300个字词，英文摘要应与中文摘要相对应，语法要正确，符合中、英文表达方式。

4. 关键词

关键词也称主题词，是反映论文重要内容与信息的核心词语或专业术语，是学术论文进入流通和引用的窗口，是为了便于科技情报机构和信息系统利用计算机收集、存储、处理、加工、检索的词汇。

关键词可从文章的题目、摘要、小标题中及结论中寻找，但必须选用反映文章内容，通用性较强、符合国际标准的专业词组，避免使用普通词语、切忌随意。如尚无相应的词组，则可选用直接相关的几个主题词进行组配，或选用约定俗成的词组或已被本研究领域广泛认同的自由词。一般每篇论文要求列出3~8个关键词，中、英文关键词不能缩写，必须给出全文。

关键词的排列顺序是，第1个关键词列出论文主要工作或内容所属二级学科名称（国标GB/T 13745—92），第2个关键词列出论文研究得到的成果名称或文内若干个成果的总类别名称；第3个关键词列出论文在得到上述成果或结论时采用的科学研究方法的具体名称，综述或评述性学术论文等可用"综述"或"评论"等；第4个关键词列出主要研究对象的事或物质的名称，或者在题目中出现的作者认为重要的名词。如有需要，第5个、第6个关键词等列出作者认为有利于检索和文献利用的其他关键词。

三、引言

引言又称引论或前言，是整篇论文的引导部分。其主要作用是突出论文的意图与主题，向读者交代本研究的来龙去脉，说明研究的起点、重点和价值、解答为什么要研究、具体要研究什么问题，以引导读者阅读和理解全文。具体包括写作本论文的起因、背景、目的、意义，国内外在该研究领域的研究历史、现状、成果、存在的问题以及发展趋势，该研究要解决的问题、思路、理论依据、使用的方法、预期结果及其在相关领域里的地位、作用和意义。

引言是文章的引子，不是中心，应把握以下几点，以恰到好处地获得读者的注意和信赖。①简明扼要、开门见山、不绕弯子、起笔必切题。②尊重科学、实事求是地介绍研究的概况，在论述研究意义时不虚高、不过谦，不使用"有很高的学术价值"、"填补了国内外空白"、"首次发现"等词，也不使用诸如"水平有限"、"抛砖引玉"的客套话，必要时可指出论文的方法和结果能有什么具体用途。③内容不可与摘要雷同，也不应是摘要的注释，更不应评述同行熟知或教科书中已陈述的常识性内容。必须与结论所得观点相呼应，引言中提出的问题结论中应有解答。④总字数约在600个之内、约占整篇论文的1/5为宜，要简短、言简意赅、措词简练、最好不分段；不含图、表和数学公式的推导证明，不涉及正文中的数据或结论。⑤简要综述国内外相关领域研究历史与现状，及其与本研究的关系，提供与论文主题紧密相关的参考文献，切忌将引言写成类似学位论文那样的文献综述。

四、正文

正文是科技论文的主体和核心，字数约占全文篇幅的7/10，由理论推导、实验结果及分析组成。论文的创造性来自正文，正文是形成论文观点与主题的基础和支柱，也是论文结论的依据，其质量反映论文的水平和价值。正文一般由材料→具体研究内容→概念、判断、推理→形成观点，这样的逻辑思维规律来安排组织结构，使之顺理成章，即依据论文的观点、原理、方法，阐明具体达到预期目标的过程，回答"怎样研究"这个问题。

（一）综述类论文

一般应按内容的组成部分和性质，分为几个主题或重点，逐一论证。撰写时应写明文献来源、检索词、检索年度、文献类型的划分依据等，写作时应注意以下几点。①综述不应是对已有文献的重复、罗列和一般性介绍，而应是对以往研究的概括和提炼、优缺点的批判性分析与评论、研究内容或手段拓展方向的阐述。②综述立足点要高，宏观而全面、客观而准确、细微而精确。③综述文字要简洁，要从原始文献中总结出一般性结论，用自己的语言将以往的观点说清楚，用于评论别人观点的论据最好来自原始文献，尽量避免大量引用原文，照抄原文的摘要与结论，避免使用别人对原始文献的解释或综述。

（二）检测、实验研究类科技论文

检测、实验研究类科技论文，通常是分材料和方法、结果和分析两个部分撰写。材料和方法一般包括理论基础知识、基本关系式、导出的公式、实验方法及仪器，结果和分析包括试验研究数据、测量结果、误差分析与检验、科学研究的理论和实验结论等。

1. 研究或实验目的

研究或实验目的是正文的开篇，字数一般控制在100字以内，语句要简明扼要、重点突出；或将该部分并入引言之中，正文部分再不复述。实验性论文应交代为什么要进行这个实验及其目的，对涉及面较广的问题则要写清论文探索的是哪一方面的具体问题、探索原因与方法。

2. 材料和方法

主要介绍研究中所应用的材料和方法，以便于读者评价整个研究在方法上和理论上的科学性，并据此判断研究结论的科学化程度。写作时应按照研究过程的进展顺序逐一展开，条理清楚、明确具体地介绍研究对象的选择和组合、研究采用的设备仪器及测量工具、能够重复研究的措施与操作方法、无关变量的控制、研究资料的收集与处理的方法。如果内容很多，则可以附录的形式附在论文后面。

在临床研究论文中，该部分的标题则是"资料与方法"，其研究措施与操作方法还应说明试验程序是否经所在单位或地区伦理学相关机构的批准，研究对象是否知情并同意并签署知情同意书。观察对象若为病人，则需注明病例和对照者来源、选择标准、病人的基本情况、观察指标和疗效判断标准等。

在撰写过程中应注意如下几点：①研究方法中应详述新创或改进方法的先进之处，以备他人重复；采用他人方法时，应以引用文献的方式给出方法的出处，无须详细描述。②调查研究应写明样地的基本情况，符合标准的取样大小、样地位置、取样量等。③药品及化学试剂要注明通用名称、使用剂量、单位、纯度、批号、生产单位、生产时间及给药途径。④仪器、设备，应注明名称、型号、规格、生产单位、精密度或误差范围，无须描述工作原理。⑤统计分析处理，应描述统计分析方法及其选择依据，并说明所使用的统计学软件，建模原理和过程等。⑥理论研究应写明假设、原理、推断、推理和分析过程等。

3. 结果和分析

结果和分析是整篇论文的心脏，是研究成果的总结，是阐述论文主要观点及结论的科学依据，也最能体现论文的水平和价值，该部分的篇幅一般约占论文的3/5。撰写时必须客观、真实、具体、准确地围绕研究主题，用文字或数据图、表有逻辑地、有层次地逐一展开，陈述研究或实验情况，使读者能清楚地了解作者的意图、研究所反映和解决的问题，结论产生的原因和理论解释，及其理论或实用价值。

研究结果的整理 研究过程中收集的原始资料先初步整理——→统计分析——→有区别地用图表展示——→再用文字解释规律及原理。其中，文字、图、表的安排要有逻辑顺序，所要表达的内容应互不重复。①所列举的材料和数据必须客观、真实，研究结果是对事实材料的客观归纳，建立在真实基础上的结论才能严谨、可信，否则将只能是虚谈、妄下结论。②数据和事实是基础，对原始数据进行统计处理，在于从中找出因果关系和规律性；胡乱篡改的数据将丧失原有的规律，导致因果关系不明，难以揭示事物的真相。

研究结果的分析 即采用逻辑分析方法，对研究结果进行分析、比较、综合与推理，以说明和解释产生研究结果的原因。虽然研究结果是客观事实，但分析、推理和讨论则是主观的表现；因而，应尽可能减少分析时的主观色

彩，以提高分析的科学性，必须以研究的事实和数据为根据推测和说理。分析时对事实所反映的各个侧面都应如实描述，以确切的从中发现原因和规律；绝对不能主观臆断、迎逢设计时的需要，对观察事实和数据随意取舍，当然也要避免不加筛选地全部罗列原始资料。

撰写要点 ①结果要围绕主题。一篇论文一般只能有一个主题，除了主题之外也可以有其他次要的、较少的内容；为了使读者了解研究者的主旨、不误解作者的意图，一篇论文必须紧扣主题，切忌面面俱到、含混不清。若一个研究项目的研究者，通过周密的思考和设计得出几个甚至多个方面的结果和结论时，则只能从不同角度撰写出几篇甚至多篇研究论文。②结果要分清主次。若试验结果及指标有多个，就应根据其与主题的关系区分其主次，主要结果是预定的最重要的结果，次要结果在于扶持和说明主要结果，两者绝不可有矛盾。撰写时应该轻重、先后分明，重点介绍主要结果、简要介绍次要结果、不介绍无关结果，先介绍主要结果、后介绍次要结果。③报告结果要客观。在报告结果时要科学、客观，是作者预期的结果时应该报告，非作者预期的结果或意想不到的结果时更应如实报告、不能随意取舍，以免将有可能孕育的新发现新认识丢失掉。④图、表和文字不要重复。论文中使用图、表可使结果直观、简洁，如果某些内容图、表已经有所表示，一般无须再用文字表述；如果图、表所表示的内容与规律还不详细，可适当用文字给予解释和说明，在解释时也不必重复数据中的数字，只要讲清数字所反映的问题即可。

其他应注意的问题 ①材料、方法、结果相呼应，要为结论和讨论埋下伏笔，以使整篇文章有逻辑、有秩序。②在统计方面不允许出现重叠、兼容错误；要用统计特征参数去表征数据，不要用可能、或者、多见、少见之类不确切的词语代替具体的科学数字。③在结果中不要引用参考文献，参考文献中的内容都是别人的研究结果，纵然很有参考价值，终究不是自己研究所得。④在结果中不要出现划分（分类）或统计标准，这些标准应在材料与方法栏目中。⑤在结果中不必对自己的研究成果、价值进行发挥和议论，也不要对他人在这一领域的研究进行评论，有必要时这些内容可在结论中陈述。⑥文章中涉及量和单位、插图、表格、数学式、语言文字、标点符号等，都应符合国家有关规定。

（三）设计类科技论文

方案论证 说明设计原理，并说明选择方案的理由，阐明所选择设计方案的特点。

过程（设计或实验）论述 对设计工作的详细表述，要求层次分明，表达确切工作原理、运动学分析、动力学分析等。

结果分析 对研究过程中所得的主要数据、现象进行定性或定量分析，得出结论和推论。

正文要求 计算正确，论述清楚，文字简练通顺，插图简明。按制图要求绘制图、表，即所有曲线、图表、线路图、流程图、程序框图、示意图等必须按国家规定标准或工程要求绘制，或尽可能采用计算机辅助绘图。

五、结论

结论也称讨论或讨论与小结等，是全文成就和价值的最终展现，是作者经研究、分析、推理、演绎、判断、归纳后得出的主要论点。与引言相呼应，反映引言所提出问题的解决程度及最终结果，即回答"研究出了什么"。

结论是文章的精华和核心部分，文字应简短，一般在 300~500 字、约占全文的 3%~5%。措词应谨慎明晰，务必力求准确完整、逻辑严密、有根有据；不能模棱两可、含糊其辞，不应简单重复或拷贝摘要、正文、引言或各段小结，不能出现图、表，不得出现正文中根本未涉及的问题；所有观点应逐条列出，每条能完整地反映出一个中心意思的一句或几句话组成。

结论应以引言为参照、正文为依据，完整、准确、简洁地指出以下内容。①本文研究的结果、主要结论、创新之处，本文的理论意义与实用价值；如果不能导出结论，也可与前人的研究进行比较，提出进一步深入研究本课题的建议、设想、改进意见或待解决的问题。②对前人有关研究、看法作了哪些修正、补充、发展、证实或否定。③如与他人观点不一致或对一些尚不完全明晰或尚有质疑的问题，可将本文的研究结果与他人的研究结果进行分析比较，提出可能的原因。④研究中有无发现例外或本论文尚难以解释或解决的问题，尚未解决的遗留问题及不足之处，进一步研究的建议，可能解决未决问题的途径、思路、关键和方向等。

六、其他部分

论文的其他部分包括必需的致谢及参考文献，其要求和特点如下。

1. 致谢

致谢是对参与部分工作、或对完成该论文给予一定帮助与指导、提供研究方法者、提出有益建议、为研究工作提供相关条件与资料、参与论文修改与校审的有关单位和未有署名的个人，在征得被致谢者的同意后所表示的感谢，以肯定其对研究工作所作的贡献。

致谢必须实事求是、坚守科学道德规范，感谢哪些确实对完成该论文给予帮助和指导者，对未给予任何帮助和指导者绝不应表示致谢，否则将会带来剽窃之嫌。如果提供帮助的人过多，可不必全部提名，只列出帮助很大者，对其他帮助者可笼统地表示谢意。

具体写法如，"某某对本文的完成在……方面提供了帮助，特表谢意"，"某某在……方面提供了……条件，特表谢意"等。

2. 参考文献与附录

参考文献的引录是水平较高的研究论文必不可少结构之一。凡是引用他人的报告、论文、著作等文献中的观点、数据、材料、成果等，都应在论文中按照出现参考文献的先后顺序进行标识，并在文后按序编排。参考文献的标注，执行中华人民共和国国家标准 GB/T 7714—2005《文后参考文献著录规则》及《中国学术期刊（光盘版）检索与评价数据规范》的规定。

作用及意义　引用及著录参考文献，其主要目的是提供引证观点和科学依据的出处，表示对前人劳动成果的尊重，用于区分是作者还是别人的观点或成果，便于检索，用于反映论文的起点、深度以及研究工作的广泛性，有利于节省论文篇幅。

注意事项　①被论文引用的只限于作者亲自阅读过的近期正式发表和出版的主要文献、有关档案资料、专利等，引文标注及文后参考文献的著录格式应符合国家标准的规定。②论文中引用他人（包括作者以发表的）观点、数据、图表或实验方法、公式时，必须以引文方式标注并注明出处；尚未公开发表的资料不能作为参考文献引用，只能以页下注解的形式列出其出处。③引文方式即在正文引用处右上角的方括号内，按文献在文中出现的次序以阿拉伯数字标明序号，或在引用处的括号内表明第一作者及出版年份，文后所罗列的参考文献编号及顺序必须与文中引用处的序号一致；在国内中文期刊发表的论著，不得用英文标识参考文献。④参考文献作者在 3 名以内的全部列出，4 名以上只列前 3 名，后加等；作者姓名之间不使用"和"等连词，只用","分隔；不论中国或外国人，一律姓在前、名在后。⑤期刊论文的著录格式为序号、作者、题名［J］、刊名、出版年、卷（期号）、起讫页码（其后加实点）。专著的著录格式为序号、作者、书名［M］、（册）次（第 I 版可省略）、出版地、出版者、出版年、起讫页码（其后加实点）。

文献类型标识　论文作者在引用参考文献时，应标示参考文献的类型及载体类型。以纸张为载体的传统文献不标注载体类型，非纸张型载体文献需在文献标识的同时标注载体类型。以纸张为载体的参考文献类型标识为：A——专著或论文集中析出的文献，C——论文集，D——学位论文，M——专著，N——报纸文章，J——期刊文章，R——报告，S——标准，P——专利，Z——其他未说明文献类型。非纸张型的文献标识为：DB——数据库，CP——计算机程序，EB——电子公告。电子文献及载体类型标识为：CP/DK——磁盘软件，DB/OL——联机网上数据库，DB/MT——磁带数据库，EB/OL——网上电子公告，M/CD——光盘图节，N/OL——网上报纸，J/OL——网上期刊。如，"李孟楼，李有忠，雷琼，杨忠岐. 释放花绒寄甲卵对光肩星天牛幼虫的防治效果 [J]. 林业科学，2009，45（4）：78~82."。

附录有些学术论文因正文篇幅所限，不能对某些结论进行详细推导或说明，或需要对其他问题进行仔细解释，可以附录的形式附加在论文最后并给予阐释。附录是报告、论文主体的补充项目，一般并不需要。

3. 文献标识码

文献标识即作者所撰写的论文的类型，按照《中国学术期刊（光盘版）检索与评价数据规范》规定的分类码进行标识，其作用在于对文章按其内容进行归类，以便于文献的统计、期刊评价、确定文献的检索范围，提高检索结果的适用性等。具体为：A——理论与应用研究学术论文（包括综述报告），B——实用性技术成果报告（科技）、理论学习与社会实践总结（社科），C——业务指导与技术管理性文章（包括领导讲话、特约评论等），D——一般动态性信息（通讯、报道、会议活动、专访等），E——文件、资料（包括历史资料、统计资料、机构、人物、书刊、知识介绍等）。

第三节　写作技巧

撰写科技论文时，首先进行构思并拟定提纲，再撰写初稿，然后应再三自校和修改。构思是否全面、合理是完成一篇学术论文的关键，构思后对提纲拟定的是否恰当、完美决定了论文的水平和价值。

一、论文结构的构思

一个研究论文只能有一个完整的主题，构思的第一步就是根据研究结果确定主题，围绕主题搜集全部有用的实验研究资料，依据资料内容撰写拟定提纲。

构思是写文章不可缺少的准备过程。构思是对整个文章的布局、顺序、层次、段落、内容、观点的安排,观察、实验结果、数据等材料怎样利用和安排,怎样开头和结尾都要缜密的构思。构思时必须有一个明确中心主题,用以表现主题的素材要充分、典型、新颖。只有潜心构思,才能思路流畅,写好提纲和论文。

提纲是论文的轮廓,全文的总体框架,一定要经周密思考、悉心研究后简括地、清楚地、完整地编列提纲,提纲可采用图8-2的标题式的拟写。但提纲只是预拟了一个轮廓,不可能对每一细节都能考虑周密,其不足之处只有在写作时才能发现和完善。

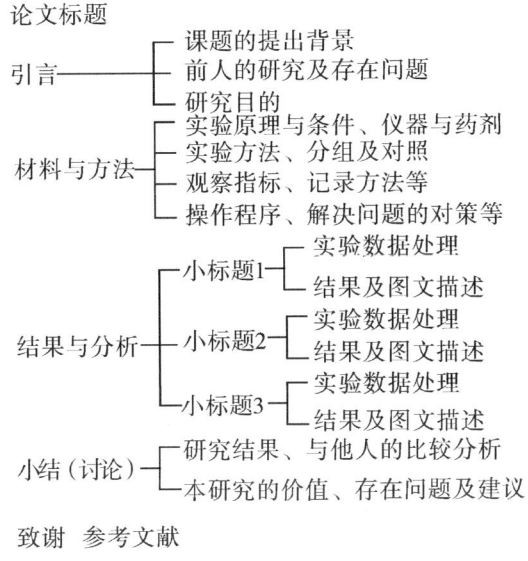

图8-2 研究论文的框架结构

提纲拟定后,依据主题细心研读资料,对资料去粗取精、弃虚务实、剔旧求新,并掌握写作时对资料的使用方式和标准,以使所要撰写的论文理由充分、观点鲜明合理,逻辑关系能系统地贯穿全文首尾,结构严谨而不自相矛盾。

二、写作技巧

所有研究论文均应"持之有故,言之成理",持之有故即事实的根据,言之成理是条理清楚、观点明确。一篇质量好的科技论文不光主题突出,论点鲜明,还应结构严谨,层次分明。

1. **撰写要点**

在顺应提纲思路写作时应把握重点、简明扼要、指出问题、说明问题、分析问题。如发现论点、例证和论证步骤等在原来的提纲中构想不恰当,就应该加以修改和调整;若发现某些论点、例证和论证理由不确切,还应该重新查阅资料、思考、斟酌和推敲,给予增补,使之完善。

围绕主题、区分主次 任何客观事物的发展必然经都要经历开始、中间、结尾3个阶段,每篇文章同样也必然经过这3个阶段。可将研究的全过程(包括引言、材料与方法、结果与分析、结论)作为一个整体,经仔细审视后编排全部内容的先后顺序,然后确定重点及支持重点的材料(衬陪)并逐次论述,通过把握宏观(主题)和微观(阐述、支持主题的实验结果及数据)的安排与写作方式,以使主题思想鲜明而突出。

思路清晰、结构完整统一 可将研究的全过程按研究内容、观察与试验性质及目的等划分为几个阶段或类型,围绕主题确切的拟订具有清晰思路和逻辑(或主从)关系的各部分的小标题(不宜过多),分别论述和分析各部分的研究结果。在对资料进行系统整理时,要正确选择数据处理的统计分析及检验方法,制作有明确意义的统计图、表,以避免杂乱、无序。

层次分明、有条不紊 文章结构中最重要的是层次,层次就是文章中材料的次序。写文章时应按照主题思想的需要,将所选材料前后连贯地适当安排于各个部分,充分而鲜明地表达主题思想。当然,文章体裁与材料不同,结构也不会完全相同;但论文总是以事物的内部逻辑关系安排层次结构,以说理论证为主。

文气通畅、语言简洁 用语要简洁、准确、明快、流畅,不使用文学修饰语言、不自创生涩词句、避免词语重复。当然,为了文气的通畅,可用排比、强调等修辞手法,以突出重点而使读者产生特殊感应,但文体还应从内容出发、该长则长、该短则短、句无虚发、字无浪费。

2. **注意事项**

知识产权 撰写和发表论文时必须考虑知识产权的保护问题,养成"先申请专利,后发表论文"的习惯,自觉执行国家科委制定的《科学技术保密条例》。论文完成后应检查和自审论文内容是否涉及的知识产权,以免给国家、单位、课题组造成重大损失。

论文准确定位 有作者的论文常有"首次提出、首次发现、首次报道、未见报道、目前尚未见报道"等字样,这样字词很刺眼,一般不要使用。如确系国内外未曾报道的内容,就应明确写出,但前提是必须进行科技查新加以确认。

论文篇幅 对于初写科技论文者，所选论文题目不宜太大、篇幅不宜太长，涉及问题的面不宜过宽，论述的问题也不求过深。应尽可能在前人已有知识的基础上提出一点新的看法，并以此为据撰写论文。即使是长期进行科学研究者，也要注意不要去追求写全面论述性的大问题，所选主题虽很小、但却重要、也很有价值。

三、论文的凝练和修改

一篇成功的论文 1/3 的概率来源于思路与设计、1/3 来源于写作、1/3 来源于凝练和修改。科学研究要讲方法，论文写作也要讲方法、讲规范、讲技巧、讲写作的科学规律，论文写作是科学研究过程的继续和创造。

要写好一篇研究论文，固然正确、完美的构思是关键，但写好后的自校与修改则是提高和凝练论文水平的基础。论文初稿相当于未加工的原始产品，只有经过仔细检查、反复修改，调整与弥合不恰当、不完善之处，淘汰无关资料、理顺逻辑关系，才能成为精品。很难想象一个不经加工、雕琢的思路不清、逻辑混乱、概念模糊的论文，能够令人信服地说明其研究内容和实质。

人的认识不是一个过程就可以完成的，论文也不是一完稿就达到了完善、恰当的程度。因此，初稿完成后至少应自修、自校 3 次以上，以发现和避免低级错误，发现很多在提纲中看不出的毛病、原先估计不到的问题。修改时，宏观上要斟酌问题是否提得鲜明中肯、论点和事例有无说服力、结构层次是否严谨，微观上要检查文字的修饰加工有无废话、语言是否准确和鲜明等。如有条件，还可请有经验的学者、专家、同行协助审阅，并提出意见，然后自己仔细阅读别人的批改及校正，以吸取经验。

学会撰写和修改论文是一个科学工作者必备的本领，凝练和修改自己论文最好的办法就是在完成论文后将其至少放置 5 天以上，然后再去浏览和阅读，这样原先发觉不到的问题就暴露了出来；如果再能出声朗读 3 遍，结构与层次、逻辑与顺序、重复与累赘等问题也能够自校。

四、论文示例

螺栓组特性实验台螺旋式加载机构的设计

卢 xx[1]，杜 xx[2]

(1xx 大学 xx 学院，陕西杨陵 721000；2xx 大学 xx 学院，陕西西安 70000)

[摘 要] 螺旋组特性试验台的杠杆式加力机构进行了分析，针对所存在

的问题,设计了螺旋式加力机构,加力力值由应变式力传感器读取,机构力增益为2094。

[**关键词**] 螺栓组,特性试验台,加力机构,应变测力

[**中图分类号**] TB 93.1   [**文献标识码**]   [**文章编号**]

目前,在用于螺栓组工作特性实验的数种试验设备中,均采用机械杠杆式加载机构对受试螺栓组进行加载,此种加载机构在使用中存在种种弊端。本文在列举了该类加载机构的诸多弊端后,提出了一种结构简单的螺旋式加载机构,并对该机构的有关参数进行了设计计算。

1. 杠杆式加载机构分析

杠杆式加载机构是目前螺栓组特性试验设备中普遍采用的机构[1,2],该机构由2杠杆及1组砝码组成(图略)。其加载原理为,加在砝码盘中的砝码重力,经杠杆组放大而作用于悬臂支架上,使螺栓组受力,杠杆组的力增益为:$i = (O_2B \cdot O_1A) / (O_2C \cdot O_1B)$,在现有试验设备中$i$值取75,100[2]。

根据上述杠杆式加载机构的结构形式及加载原理,可看出运用该机构进行加载试验时,存在的不足表现为:实验中需多次搬动砝码进行加、卸载,操作费力;加、减力的幅值为砝码重量,故加、减力的幅值呈阶梯形变化,力幅值不能随意选定;加、卸砝码易于形成冲击作用,进而对受试螺栓产生冲击影响;杠杆组受力变形及摩擦的影响,造成实际施加于受螺栓上的力值小于理论值,将会降低试验精度;提高杠杆组刚度和力增益,需增加杠杆尺寸或数量,结构将笨重。

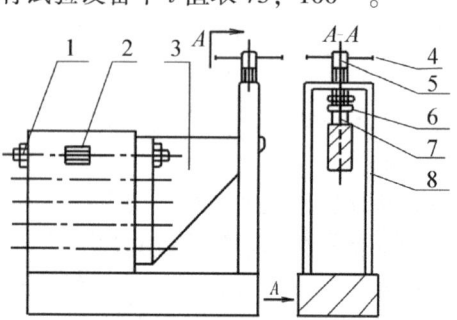

图 8-3 螺栓加载式螺栓组特性实验台
1. 受试螺栓 2. 应变片 3. 悬臂支架
4. 搬杆 5. 加力螺栓 6. 推力球轴承
7. 传感器 8. 支架

2. 旋式加载机构及相关参数设计

2.1 加载机构组成及加载原理

为克服杠杆式加载机构不足,设计了如图8-3示的螺旋式加载机构。其加载过程如下:转动螺旋式加载机构中的搬杆,经推力球轴承、传感器将螺旋机构产生的径向力传递至悬臂支架上,加载力值经传感器—应变仪显示。

2.2 相关参数设计计算

加载力的计算 机构中加载零件参数如下,螺栓:单头,螺径×螺距=20

mm×1.5 mm，材料45号钢；搬杆：长 2 L=50 cm。根据以上参数应用虚位移原理[3]，在忽略螺旋副中摩擦时，求得作用于搬杠上的力 P 与螺栓对悬臂支架的作用力 N 间的关系 N=2 094 P。N 与 P 的关系式表明，螺旋加力机构的增益为 2 094，为杠杆式加力机构力放大比的 21~28 倍。按照一般试验要求，悬臂支架上所受到的最大加载力为 10 kN，由该式可求得作用于搬杆上力的最大值为 P_{max} 不足 5 N。

测力传感器设计 传感器为自制的应变式力传感器，材料40Cr，结构为薄壁圆筒式，沿圆柱外表面布片 4 枚，全桥连接。根据杆件变形与轴向载荷间的关系式 $N=AE\varepsilon$[4]，及测试理论中应变式压力传感器全桥组桥时应变仪读数应变 ε_1 与真实应变 ε 间的关系式 $\varepsilon=\varepsilon_1/[2(1+\mu)]$[5]，可得传感器轴向力 N 与应变仪读数应变叫间的关系 $N=AE\varepsilon_1/[2(1+\mu)]$，$E$=材料弹性模量，$\mu$=泊松比。将 40Cr 的 E、$\mu$ 代入该式，得单位微应变对应的加载力为 8.6 N。

2.3 使用说明（略）

3. 结论

根据机械设计课程教学的需求，本着使用方便、结构简单、造价低廉，加载精度高的原则而设置的螺旋式加载机构，已成功投入使用。使用结果表明，螺旋式加载机构的主要特点为：加载力直接由传感器传递、测定，消除了摩擦的影响，提高了加载力值精度（其余省略）；但传感器灵敏度偏低，建议减小筒壁厚以提高传感器的灵敏度。

参考文献

1. 哈尔滨工业大学理论力学教研室编. 理论力学（Ⅰ）. 北京：高等教育出版社，2006.
2. 刘鸿文主编. 材料力学（上）. 北京：高等教育出版社，2004.

（其余略）

复习思考题

1. 科研论文的主要特点是什么？
2. 如何理解科研成果的独创性或创新性？
3. 科学研究论文包括哪些主要部分？
4. 精读一篇你感兴趣的核心期刊的科研论文，指出该论文类型并分析其写作特点。

参考文献

1. 张丽. 科技论文著录参考文献的重要性仪器方法. 中国农林推广, 2007, 23 (10): 42~43
2. 陈浩光. 编写科技论文摘要的注意事项. 广东工业大学学报, 2007, 24 (3) 103
4. 张伟刚. 科研方法论. 天津大学出版社, 2006
5. 李孟楼主编. 科学研究方法. 中国农业出版社, 2009
6. 韦凤年. 怎样写科技论文. 河南水利, 2006 (9)
7. 中华人民共和国国家标准 GB 7713—87 科学技术报告、学位论文和学术论文的编写格式

第九章 科研项目的结题与成果申报

[**本章提要**] 科研项目总结阶段包括阶段总结和结题总结。阶段总结是在项目实施期间的工作总结，如年度总结、中期总结，结题总结是项目运行至预定期限后的全面总结。结题总结过程包括项目管理部门的全面检查、评价与验收及对研究成果及其水平的鉴定。考查科研项目水平的指标包括专利、新技术、新材料及研究论文，科技成果奖励等级则是研究成果的影响力及其意义的集中反映。

科研项目总结与验收是科研项目管理的基本要求，是对项目任务与指标完成情况的一种考核措施，也是提高科研效率的重要手段。完成一个科研项目必然产生一些新的成果，通过对项目的验收或鉴定，可以对这些成果及其水平做出结论性的评价。要体现研究项目的成果，研究者应根据研究内容的成熟情况，及时申请专利、研制新材料、发表研究论文等。

第一节 科研项目的结题

任何一个科研项目都有一定运行时间限制。为保障科研项目的运行与研究效率，2001年1月20日我国颁布了《国家科技计划管理暂行规定》，该规定是进行科学研究和科研项目管理必须遵守的法规，规定要求科研项目必须遵守报告制度，并明确规定了报告类型及其内容、要求和报告期。

一、科研项目的总结和结题

科研项目在运行过程中和研究期限终止后应及时总结，总结内容包括研究进展、项目实施和管理经验、研究目标和考核指标完成情况，并根据项目类型向管理部门提交进度报告、财务报告、验收报告、统计调查报告、调整报告、重要事件报告等。

（一）科研项目的总结

按照科研管理要求，一个科研项目或课题在实施过程中和实施结束时，都要按期进行阶段总结和全面总结，并向有关管理部门提交总结报告，以便管理部门及时了解项目或课题的进展情况。

1. 阶段性总结

所有科研项目的总体计划，都是将具体的研究任务落实到各个时间阶段，如月、季度、年度计划任务，每个时间阶段不仅有具体的研究任务、还有阶段目标或考核指标。阶段性总结一般每年至少一次，并向上级科研项目或课题主管部门提交书面总结；研究组一般半年或一季度总结一次，其主要作用是进行内部检查和情况交流。大型的科研项目，一般还有中期检查总结或评估，以评估项目或课题组几年来的工作任务完成情况，管理部门根据评估情况确定是否让其继续承担下一阶段的研究任务。

每个研究阶段到期后进行总结和分析，以确定任务、考核指标、经费开支情况等，检查取得了哪些阶段成果、哪些新进展、发现了什么新情况、存在的问题与困难。在阶段性总结中，要善于把握研究方向，注意研究新动向、新成果，根据研究进展提出下阶段的具体工作与任务；对已成熟的研究结果，要及时整理、撰写和发表研究论文，对成熟的技术或产品及时申报专利。课题组成员要及时讨论、商讨解决办法，并进行纠正和弥补失误，或对预先不合理的计划进行适当调整等。

2. 全面总结

在项目或课题的研究时间到达计划结束的时间后，按照相关要求必须进行总结和结题。结题总结以项目总体计划、阶段性总结为基础，全面回顾研究目标、研究任务、考核指标等的完成情况，并对研究中所取得成果、存在的问题等进行全面而系统的总结。全面总结一般应完成 2 个报告，即工作报告和技术报告（详见科研项目的结题）。

认真进行全面总结，有助于正确评价课题的整体部署是否合理、计划任务量是否适当，能够为以后的其他课题制订研究计划、设计试验、项目运行方式和安排积累经验；也有助于检查课题的运行程序、工作过程是否流畅，为以后的科研管理积累经验。

（二）科研项目的结题

结题是一项研究工作程序运行到期的终结，不受工作成绩大小、研究水平高低、技术指标完成情况等影响。即便是到达规定的完成任务的最后期限后也没有获得成效，或研究工作失败，或因其他因素而的导致研究工作无法进行，也必须按期结题。科研项目的结题程序因其类型而不同，但都要认真进行资料的整理和清理，完成相应的报告。

1. **正常结题**

即按申请研究课题时的计划和要求按期结题，并在规定的时间内完成了研究任务，达到了所规定的技术指标。正常结题验收和鉴定的基础和前提，一般需要做如下工作。

实验数据资料的整理 包括原始资料的分类归档、实验结果的计算分析，论文、著作、专利、育成品种、软件等技术成果的整理和总结，撰写项目技术报告。

试验设备物资的清点 应分类清点各类实验仪器设备和低值易耗物品，建立清单和档案，做好仪器设备进一步使用的计划或移交安排。

财务决算 按照项目实际支出分类决算，并对照原定项目经费使用计划，分析项目经费使用的合理性，对结余经费提出处理意见，撰写项目经费决算报告。

撰写工作总结报告 包括课题实施过程中任务落实、主要成绩、组织管理方法、存在的问题等。

提交结题报告 完成项目结题工作总结、技术报告和项目经费决算报告等，经本单位科研管理部门审阅后，报送任务下达部门。不同项目结题报告的格式和要求不尽相同，但主要内容差异不大。

2. **异常结题**

即因各种主观或客观原因导致的课题无法继续进行而结题。如，在课题实施期间，他人已取得了本研究的原定成果，致使本研究没必要再继续实施，可以申请提前结题；在课题实施期间因自然灾害或人为因素影响而导致完成时间滞后，但继续实施研究仍很必要，则可申请延迟结题；因主持人离岗、原单位无法继续组织课题组人员实施研究计划，或课题原定目标过高、技术路线错误、技术方法存在障碍等而无法继续研究，可申请终止课题并结题。异常结题除了具备正常结题的要求外，最重要的是必须在结题报告、工作总结总结中说明未能正常结题的理由。

第二节 科研项目的验收

科研项目的验收是项目下达部门依据项目合同条款，逐条对项目承担单位的研究工作及其完成情况的一种考核,也是签约双方最后一次履行合同义务的过程。其中,大型项目的阶段验收常在年度检查或中期检查是进行,或在某一部分独立的研究工作或子课题研究结束后进行;结题验收则是在整个项目的研究工作全部结束后进行的全面验收。

一、项目验收的条件

验收目的在于检查课题的研究过程和工作是否真实、按原计划执行,查对课题的指标是否已完成、真正完成了什么工作,核查研究资料与记录的真伪性,检查验收材料、结论性文件是否恰当。

1. 阶段验收的条件

阶段验收的主要前提条件是,研究内容必须相对独立于该项目的其他部分,或者具有明确的阶段考核指标。进行阶段验收时,项目或课题组必须按计划完成所必须的研究内容,并具有一定科研成果。

2. 全面验收的条件

全面验收就是对照合同书所规定的全部研究内容和指标,逐条、逐项地考核和验收,为此项目或课题组应在验收前做完如下工作。

验收报告 就是按照项目任务书规定的研究内容、考核的技术指标和经济指标等,全面总结研究工作完成情况和完成效果。报告中必须明确在哪些方面完成或超额完成了任务指标,哪些方面还存在缺陷及其原因。

研究工作现场和实物 有些研究工作只用验收报告并不能很好地反映研究工作进展,必须以研究现场、实物才能形象和直观地反映研究所取得的实效。如提供新产品或实物、田间试验现场、示范园区建设等现场。

旁证材料 有些应用技术已被生产部门应用,或新技术与工艺、新产品已具有了示范应用实例。在验收前应采集应用部门的有效应用证明,以说明应用年限、规模、具体技术内容、应用效果和效益等。

分析、检测报告 分析检测报告由权威检测机构出示。如新品种的品质分析报告、抗病性检测报告、区域试验报告等;无公害生产技术应用后的产品检测报告、环境监测报告等;一些仪器设备的性能检测报告等。

音像资料 在科学研究当中,一般都积累一些能够真实而形象生动的音像技术资料,这样的资料能具体地说明研究过程、实验与试制、产品研制等情况。尤其是对于季节性很强的农业项目,通过音像资料可以记录作物不同生长发育阶段的田间实际研究情况。

经费决算报告 对照项目合同中的经费预算及支出计划,总结经费的实

际支出情况，分析经费预算和实际使用的合理性。

二、项目验收的形式

项目验收有多种形式。常见的有会议验收、现场验收、检测验收、审定验收等形式。每种验收形式都有其特点，适用的项目也不尽相同，在项目验收中可选择采用。

1. 会议验收

在研究组按要求准备齐全有关验收材料后，再向上级科研管理部门提交验收申请书，管理部门经过审核，确定验收组织部门提出的验收专家组成员是否合适，然后根据情况批复验收申请、审聘验收专家、确定验收时间。验收组专家一般由 5~7 名相关学科有一定学术造诣或丰富实践经验的专家组成，并设组长 1 人。会议验收的优点在于人员和时间集中、效率高，研究者可直面验收专家的质疑、交流和讨论，深入认识项目所取得的成果及存在的具体问题，但会议验收一般花费大。

2. 现场验收

现场验收就是验收专家和有关人员到项目实施现场，通过听取项目组的介绍和观察实施现场来评价项目的完成情况，该形式尤其是适合于新产品观摩、新技术示范性项目的验收。在材料准备方面，除备齐各种验收材料外，选择的实施现场应该典型，能够说明项目的特色。现场验收的优点在于可直接将项目的可见成绩、实物、效果展示给专家组并加深其印象，缺点是不便于专家全面翻阅项目的书面材料，而且农业项目还受生产季节、天气状况的影响。

3. 检测验收与审定验收

检测验收，一般多用于产品研发类项目的验收。就是将项目组研究的产品等检测对象，送交一定的权威检测机构进行检测，由检测部门提供相应的检测报告，以评价项目产品是否达到预定性能指标。检测验收也可以组织有关验收专家进行现场检测。

审定验收多用于新品种或技术标准等新产品和文字性成果的验收，在形式上与会议验收有相似之处。如品种审定会，技术标准审定会等。

三、项目验收的基本程序

无论验收采用何种形式，验收的基本程序都是大同小异，主要包括准备验收材料、申请验收、组织验收、形成验收意见、报送验收材料等。涉及研究者的主要事项如下。

1. **准备验收材料**

验收时应准备的材料包括项目合同书、项目工作报告、项目技术报告、项目经费决算报告等总结材料，及有关的附件材料如应用证明、检测报告、论文与著作、新品种审定或鉴定证书、专利成果、技术标准等。

工作报告是验收的重要文件，重点在于总结项目实施期间实际完成的计划任务和指标，在实施过程中的具体工作思路与路线、工作方法和实施效果，尤其是要总结所取得的经验，指出存在问题及经费使用情况。

技术报告是对项目所完成科学技术成果的全面总结，包括选题的依据和研究意义、主要研究内容、技术路线、研究进展、成果和创新点、项目实施的效果和效益等。重点要凝练地介绍项目在技术研究方面取得的新进展和新成果，而不是研究的过程。

2. **申请验收**

验收材料准备好后，项目组应填写并向有关项目管理部门提交《验收申请表》，在填写时应注意的事项如下。

内容简介　一般包括：①说明研究涉及学科与技术的领域及所解决问题的技术原理。②写明计划合同书要求的主要性能指标和实际达到的性能指标。③与国内外同类技术相比较的创造性、先进性，必要时可以引用项目《技术查新报告》的比较说明。④说明项目的直接经济效益，或对本地区、本行业科技进步与经济社会发展的意义。⑤本项目应用推广的前景、范围、条件，存在的问题和改进意见。⑥下一步的目标和打算。

有关资料目录　一般包括项目申请书、项目可行性报告或项目建议书、计划项目合同书、项目工作报告技术总结报告、技术或产品检测报告、经费使用情况及决算报告，其他有关的资料。

主要研究人员　由项目承担单位根据研究人员对项目的贡献大小、按顺序填写，并应得到所有承担单位的认可。

3. **组织验收**

项目管理部门审批验收申请，确定验收形式、验收时间与验收专家组后，承担单位方可组织验收，但验收的具体组织一般均是由项目来完成。

会议验收一般是由项目验收组织单位主持并宣布验收专家组，然后由验收组组长主持验收会议。验收会的议程是项目组负责人汇报项目工作报告、经费决算报告和技术报告，验收专家听取汇报和查阅项目资料档案、实物等，在此基础上验收专家进行质疑、项目组进行答疑，项目组回避后专家组讨论验收意见，最后宣读验收意见，项目组致谢。现场验收和审定验收的议程与会议验收大致相同，但验收意见可在现场验收结束后由验收组讨论形成。

应该注意的是，项目验收的重点是对照项目任务书或合同书，检查任务指标完成的数量和质量，一般不对项目技术成果的水平进行定性评价。验收结束后，项目组应尽快将有关验收材料整理上报项目管理部门。

第三节 科研项目的鉴定

一个科研项目，在完成后一般都会产生一定的科研成果。对这些科研成果及其水平的认定，需要通过项目鉴定的方式做出结论。科研项目鉴定是由管理机构聘请同行专家组成鉴定委员，按照规定的形式和程序，对项目所取得的理论或技术成果进行审查和认定，并作出相应的结论。

一、成果鉴定的意义

科技成果鉴定工作是政府机关主管部门的行政行为，是科技行政管理部门评价科技成果的方法之一。鉴定的目的在于对科研项目取得成果给出结论性评价，这种结论主要是对成果的技术先进性、创造性和成熟度，以及应用价值和推广前景作出评论。因此，科技成果鉴定应当坚持实事求是、科学民主、客观公正、注重质量、讲求实效的原则，确保科技成果鉴定工作的严肃性和科学性。我国的科技成果鉴定由国家科技部归口管理、指导和监督全国的科技成果鉴定工作，具体由国家科技部技术成果司负责执行；省、自治区、直辖市科技厅归口管理、监督本地区的科技成果鉴定工作，具体由省、自治区、直辖市科技厅科技成果管理机构负责执行；国务院各有关部门负责管理、监督本部门的科技成果鉴定工作，具体由各有关部门的科技成果管理机构负责执行。

对于完成者来说，成果鉴定所提供的结论性意见，可提高成果的可信度，有利于成果的推广应用，同时通过成果鉴定也是申报科技奖励的前提条件之一。对于科技管理部门来说，通过项目鉴定可进一步明确其所取得的技术成果及其水平，为科技成果的转化积累基础；并通过向社会公布鉴定结果、在政府科技管理部门进行成果登记，以避免别人或别的单位再次进行重复性的无效研究。

二、成果鉴定的形式与范围

按照学科属性科研成果包括自然科学和社会科学,按照内涵包括基础理论成果、应用技术成果和软科学成果等,按照体现形式则包括论著成果、专利成果、鉴定成果、审定成果(新品种、新产品、新技术标准等)、测试鉴定成果(新设备、新工艺、新软件等)等等。因此,科技成果鉴定的范围包括列入计划的新产品、新技术、新工艺、新材料、新设计、生物和矿产新品种及其软科学项目。科技成果鉴定的主要内容包括是否完成合同或计划任务书规定的指标,技术资料是否齐全完整并符合规定,应用技术成果的创造性、先进性和成熟程度,应用技术成果的应用价值及推广的前景和条件,存在的问题及改进意见。

1. **成果鉴定的形式**

科研成果鉴定由科技部、或者省市科技厅局、或国务院有关部门的科研成果的管理机构负责组织,必要时可授权省级人民政府有关主管部门组织鉴定、或委托有关单位主持鉴定。

会议鉴定 就是通过鉴定会的形式,由鉴定委员会专家对成果进行认定和评价,鉴定委员会由7~15名具有高级职称的同行专家组成。

检测鉴定 成果的检测鉴定与项目的检测验收在形式上相同,但侧重点是检查项目完成的技术指标及水平(先进性和创造性)。国家、省和国务院有关部门认定的专业检测鉴定机构,均有资质承担检测鉴定。

函审鉴定 函审鉴定也叫通信鉴定。就是以通信的方式,将鉴定材料送达鉴定专家,由各位鉴定专家分别对鉴定成果进行评价,形成书面鉴定意见,最后由鉴定委员会主任整理汇总各位鉴定委员的意见,形成鉴定委员会意见。函审组由5~9名具有高级职称的同行专家组成。

2. **成果鉴定要求**

计划外成果的鉴定 凡科技计划外重大应用技术成果申请鉴定时,须经省、自治区、直辖市科委或者国务院有关部门的科技成果管理机构批准,否则不能组织鉴定。其基本要求包括技术成熟并有明显的创造性,性能指标在国内同领域中处于领先水平,经实践证明能应用,对本行业或本地区的经济和社会发展以及科技进步具有重大的促进作用。

计划项目的成果鉴定 执行科技计划所完成的应用技术成果,也可以通过其他形式进行评价和认可,省、自治区、直辖市和国务院有关部门的科技成果管理机构可视具体情况决定是否有必要进行鉴定。凡不组织鉴定的科技成果，各级科技行政管理部门都不得受理鉴定的申请。通过其他方法评价的科技成果，任何单位不得使用《科技成果鉴定证书》。

　　基础理论研究成果　是指自然科学中纯理论性研究的结果，主要表现形式为学术论文。其评价方法应根据国际惯例，通过国内外同领域的学术刊物或学术会议公开发表，引起国内外同行专家的关注、评论和引用来获得认可，并由所在单位学术机构出具综合评价意见。但是，对于可以直接指导应用技术研究和开发的理论成果，它的作用不仅表现为论文的学术价值，还表现在被该理论指导的应用技术成果上，这种应用性理论成果可以视同应用技术成果，可申请鉴定。

　　软科学研究成果　是指对推动决策科学化和管理现代化，促进科技、经济与社会的协调发展起重大作用的研究结果，主要表现形式为研究报告。

　　已申请专利的应用技术成果　以该项目向中国专利局提交专利申请的日期为限，申请日后不组织鉴定，局部技术已申请专利但整体未申请专利且符合《科学技术成果鉴定办法》第六条规定的应用技术成果可以申请鉴定。

　　已转让实施的应用技术成果　是指由研究开发方按照《技术合同法》的规定将研究开发的结果转让给其他企业，并投入工业生产的应用技术成果，应该由生产实施单位作出评价。

　　一般应用技术成果　企业、事业单位自行开发的一般应用技术成果，除《科学技术成果鉴定办法》第六条规定的重大应用技术成果外，应通过市场机制得到社会认可。

　　已审查确认的科技成果　国家法律、法规规定，必须经过法定的专门机构审查确认的科技成果。如《药品管理法》和《卫生部新药审批办法》规定，新药必须由"卫生部药品审评委员会"审查，经批准后方可应用；农业新品种必须经农业部确认的专门审查机构审查批准后才能正式推广应用。这些都是评价和审查科技成果的方式，因此，无需再组织鉴定。

　　违法项目　违反国家法律、法规规定，对社会公共利益或者环境和资源造成危害的项目，不受理鉴定申请；正在进行鉴定的应当停止鉴定；已经通过鉴定的应当撤销。

三、科研成果鉴定材料的准备

　　不同类型的科技成果鉴定需要准备和提交的材料不尽相同。如计算机应用软件成果所需材料有计划任务书或技术合同、可行性研究报告、软件需求说明书、系统设计报告、用户手册、测试大纲、测试报告、用户试用报告、查新报告等，应用技术成果则需要计划任务书或技术合同、研制技术总结报告、产品标准（经技术监督局标准处备案）、产品质量检测报告（法定检测单位出具）、经济或社会效益分析报告、用户使用报告（3家以上）、查新报告、专利证明等。

1. 成果鉴定必须提供的材料

科技成果鉴定就需提交完整、内容真实可靠、打印装订整齐的材料，只有技术资料和有关文件齐全，并符合档案管理部门的要求，方可获准鉴定。

所需要主要材料包括：①计划任务书或者合同书，工作报告及技术研究报告。②测试分析报告及主要实验、测试记录报告（包括原始记录），设计与工艺图表。③质量标准（企业标准、行业标准、国家标准、国际标准）。④国内外同类技术的背景材料和对比分析报告，以及国家科委、国务院有关部门和省（自治区、直辖市）科委认定的，有资格开展检索任务的科技信息机构出具的检索材料和查新结论报告。⑤用户使用情况报告，经济效益（一次性直接效益）、社会效益分析报告及证明材料。⑥涉及污染环境和劳动安全等问题的科技成果，需有关主管机构出具的报告或证明。⑦准确的完成单位（不包括一般试制加工单位及一般协作单位）和主要完成人员名单（按解决该项成果技术问题所作贡献大小排序）。⑧行业主管部门要求具备的其他文件。⑨其他需要提供的技术资料，如论文著作、专利、技术标准等。

2. 成果鉴定主要材料的准备

项目技术报告 项目技术报告又叫研究报告等，其内容基本与项目验收技术报告相同，撰写时应避免面面俱到，注意突出重点，尤其要突出技术成果的创新性和成熟度。

项目工作报告 项目工作报告不是项目鉴定的必需材料，但部分项目鉴定时要求提供。其内容基本与项目验收的工作报告相同。

效益分析报告及证明材料的准备 效益分析报告一般包括经济效益、社会效益和生态效益的分析，其分析的依据来自于成果应用单位所提供的有效应用证明材料，但计算效益时必须有根据。

测试分析报告的准备 测试分析报告一般由权威检测机构提供，是成果鉴定材料的附件。

查新报告和引用证明的准备 查新报告和论文引用证明由权威的文献查新机构提供，是成果新颖性和创造性重要证明材料，一般作为鉴定材料的附件。查新时必须凝练研究内容和创新点，明确查新要点，选好关键词和国内外的查新范围，以充分说明成果水平（国内先进、国内领先、国际先进、国际领先）。论文引用证明是成果影响力的重要证明材料（国内、国外引用），

作为鉴定材料的附件。

四、成果鉴定的工作程序

科技成果鉴定的工作程序是申请鉴定、鉴定材料审核、组织鉴定、成果登记和发布，但不同的鉴定形式的工作程序和要求略有区别。

1. 申请鉴定

鉴定申请的渠道 根据《科学技术成果鉴定办法》规定，科技成果完成单位或个人可按下列渠道申请鉴定。①完成国家、省级有关部门科技计划后需要鉴定的科技成果，直接向有权组织鉴定的单位申请鉴定。②隶属关系不明确时，可向其所在省、自治区、直辖市科委申请鉴定。③两个以上单位共同完成的需要鉴定的科技成果，由第一完成单位向有权组织鉴定的单位申请鉴定，但同一科技成果只能鉴定一次。④属于多学科、跨行业，整体性能具有国际先进水平，对我国社会经济发展和科技进步具有重大促进作用的特别重大的科技成果，受理鉴定申请的主管机关可以向上一级科技成果管理机构提出鉴定申请报告，由上一级科技成果管理机构组织鉴定。

申请鉴定的条件 申请鉴定的科技成果应当符合《科学技术成果鉴定办法》第六条规定，并具备第十八条规定的条件，即技术资料和有关文件齐全，并符合档案管理部门的要求。①没有完成计划任务书或者合同约定要求的项目，一律不能申请鉴定。②凡有异议或争议的科技成果，组织鉴定单位不得受理鉴定申请，应待异议或争议解决后方可受理鉴定申请。

提出申请 凡符合申请条件的科技成果，应填写《科学技术成果鉴定申请表》，并附上必要的技术资料，经单位主管部门审查并签署意见后向组织鉴定单位提交申请。申请鉴定单位应在其建议的鉴定日期前2个月将《科学技术成果鉴定申请表》、技术资料，及起草的《鉴定证书》同时报送组织鉴定单位。

2. 鉴定材料的审核

组织鉴定单位接到科技成果鉴定申请后，应及时、认真地进行形式审查和技术性审查。完成审查后应及时（在接到鉴定材料后30天内）作出批复。同意组织鉴定时应确定组织鉴定单位和主持鉴定单位、鉴定形式和鉴定专家，并同时下达《科技成果检测鉴定委托书》，审核后不同意组织鉴定的，应说明不同意的理由。

形式审查的主要内容包括拟鉴定成果是否属于鉴定范围，《科学技术成果鉴定申请表》和起草的《鉴定证书》是否正确无误，提交的文件、技术资料是否齐全、完整并符合要求，成果完成单位及主要完成人员排序是否正确，有无成果权属争议等问题。

技术性审查的主要内容包括项目是否完成了合同或计划任务书规定的任务，报送的文件和技术资料内容是否正确、翔实，并初步判别项目技术的创造性、先进性、实用性、成熟性、可靠性、推广应用的条件和前景，以及存在的问题等。

3. 组织鉴定及成果登记和发布

组织鉴定单位批复鉴定申请后，应在鉴定会前 10 天将召开鉴定会的通知、技术资料、起草的《鉴定证书》送达应聘鉴定专家，并做好开会前的准备工作。需要进行现场测试时，测试组专家必须在鉴定会召开前完成测试工作，并写出测试报告。鉴定会议由科技成果鉴定组织或鉴定主持单位，协同专家组成鉴定委员会召开，由鉴定委员会主任委员主持鉴定，按照批准的鉴定形式和鉴定议程进行成果鉴定，形成鉴定意见。

成果鉴定后应在 3 个月内，项目组应将有关材料、《科技成果登记表》送达科技成果管理部门，由第一完成人办理和完成成果登记，成果不得重复登记。进行科技成果登记是申请科技成果奖励的前提条件，成果登记的范围包括验收的成果、鉴定的成果、审定或登记的品种等。科技成果管理部门根据登记材料可及时发布公报、上网、归档、颁发证书成果，并及时、准确和完整地统计科技成果，更好地为促进科技转化和提高宏观科技决策服务。

第四节　专利及其申请

专利一词来自拉丁文 patent（有公开之意）。在现代专利制度中，专利一词指专利文件、或由专利机关颁发的专利证书、或取得专利权的技术成果本，《保护工业产权巴黎公约》中则特指发明专利。在多数情况下专利是指专利权，是指对授予专利权的对象的保护内容。

一、专利概述

专利是世界上最大的技术信息源，大约包含了世界科技信息的 90%~95%。专利的发展过程较曲折，其特点也有别于其他科技信息。专利文献包括专利技术的详细内容和专利说明书，其所公布的技术内容一般较科技杂志等出版物要早约 2~3 年。充分合理的利用专利文献，可提高科研起点、避免重复研究；企业也可在技术贸易中掌握对方的实情，避免盲目引进和上当受骗，还可了解竞争对手的科研和市场动向，掌握竞争主动权、避免侵权。

1. 世界专利制度的形成和发展

专利制度与法律制度相比其产生和发展的历史比较晚。英国 1623 年颁布了专利条例，这一条例被人们称为现代专利法的鼻祖，发明人的大宪章。美国于 1790 年、法国于 1791 年、俄罗斯于 1870 年、德国于 1877 年、日本于 1885 年颁布了第一部专利法。

专利制度从产生之日起就产生了争议。19 世纪中叶，当时的荷兰认为专利制度妨碍了贸易自由，影响了反垄断的活动，于 1869 年决定废除专利法。但是，由于在国际竞争中因技术得不到保护而使经济发展受阻，40 年后荷兰议会又决定恢复了专利制度。到 19 世纪末很多国家都建立了专利制度，现已形成了英国体系、法国体系、美国体系和德国体系 4 个专利制度体系。

2. 中国专利制度的宣传和发展

1882 年，经光绪皇帝批准，郑观应等人申请了第一件专利——机器织布工艺。光绪二十四年即 1898 年 7 月 12 日，清王朝颁布了我国最早有关专利的立法文件《振兴工艺给奖章程》，但该章程颁布两个月后就被慈禧太后废除了。辛亥革命后的 1912 年 12 月，"中华民国"工商部颁布施行了有关专利的《奖励工艺品暂行章程》；1923 年 3 月工商部公布了扩大了范围、采用授予专利和给予奖励两种方法的《暂行工艺品奖励章程》；1928 年 6 月工商部公布了《奖励工业品暂行条例》；1932 年国民政府颁布了内容更为完备的《奖励工业技术暂行条例》；1944 年 5 月 29 日，国民政府公布了我国第一部较系统的专利法——《"中华民国"专利法》。

新中国建立后的 1950 年，中央人民政府颁布了《保障发明权与专利权暂行条例》，1954 年政务院又发布了《有关生产的发明、技术改进及合理化建议的奖励暂行条例》。1963 年国务院发布了新的《发明奖励条例》和《技术改进条例》，同时废止了 1950 年和 1954 年的两个条例，但从 1963 年到改革开放前已完全废除了专利制度。至 1978 年国务院重新发布了修订的《发明奖励条例》，1979 年成立专利法起草小组开始专利法的起草工作，1980 年 1 月国务院决定成立中国专利局，1984 年 3 月 12 日六届全国人大会常委会四次会议通过了从 1985 年 4 月 1 日起开始施行《中华人民共和国专利法》，1985 年 1 月 19 日国务院又批准了《中华人民共和国专利法实施细则》。

为了履行中美知识产权备忘录中的承诺和实现专利制度的国际接轨，1992 年 9 月、2001 年 10 月全国人常委会又作出修改我国专利法的决定。使我国专利制度的水平提高到了一个新的高度，全面达到了 TRIPS 协议对专利保护的要求。

3. 专利的种类及特点

专利的种类 我国专利包括发明专利、实用新型专利和外观设计专利 3 种类型。发明专利指对产品、方法或者其改进所提出的新的技术方案。实用新型专利指对产品的形状、构造或者其结合所提出的适于实用的新的技术方案。外观设计专利指对产品的形状、图案或者其结合以及色彩与形状、图案的结合所作出的富有美感并适于工业应用的新设计。

专利的特点 专利具有专有性、地域性和时间性 3 个特点。①专有性也称独占性，是指专利权人对其发明创造所享有的独占性的制造、使用、销售、许诺销售和进口其专利产品的权利。②地域性是指一个国家授予的专利权只在该国法律管辖的范围内有效，对其他国家没有任何效力。③时间性是指专利权只在法律规定的时间内有效，期限届满后专利权即告终止；在专利权有效期内，若专利权人不按时缴纳专利年费或声明提前放弃专利权，则该专利权提前终止。

专利制度的概念 专利制度是国际上通行的一种利用法律和经济的手段来保护、鼓励发明创造，促进技术进步的管理制度。其基本内容是依据专利法，对申请专利的发明创造，经过审查和批准，授予专利权，同时将申请专利的发明创造的技术内容公诸于世，使发明创造者享有独占实施该发明创造的权利，以此来保护发明创造者的利益和促进发明创造的信息交流。

4. 专利制度的特征

专利制度一般具有法律保护、科学审查、公开通报和国际交流 4 个特征。专利制度有利于调动发明者、发明投资者从事发明创造的积极性，为企业竞争提供了公平有效的社会机制，为科技信息的使用和传播创造了条件，为技术引进创造了良好的法律环境。

法律保护 即实行专利制度的国家必须首先制订自己的专利法，专利法必须考虑国际上一些共同遵守的惯例以及《巴黎公约》规定的一些共同原则。专利法的核心是专利权问题，专利权是一种财产权，也是一种所有权、排他权。

科学审查 科学审查就是对申请专利的发明创造要进行新颖性、创造性、实用性的技术审查，审查工作必须依据专利法制定的实施细则及审查规程等法规进行。为此，专利局都必须有一批经过训练的优秀专家队伍从事审查工作，专利审查必须有检索文档，拥有世界各主要国家的专利文献。

公开通报 就是以专利法和科学审查为基准，将专利技术和内容以专利说明书的形式向世界公开通报，以促进发明创造者互相启发、加以改进，促使科学技术的发展。

国际交流 专利技术是商品化的知识产品，各个国家的专利法虽然都只在本国范围内有效，但彼此都建立了专利制度，国家间可以采取互惠的办法交流专利技术，使其成为国际技术商品，进而促进经济技术交流的发展。

5. **发明人（设计人）和专利申请人**

发明人（设计人） 是指对发明创造的实质特点做出了创造性贡献的人。在完成发明创造过程中，只负责组织工作的人、为物质技术条件的利用提供方便的人或者从事其他辅助工作的人，不是发明人或者设计人。专利申请人则指向国家专利行政部门提出专利申请请求，国家专利行政部门授予专利权的自然人或法人。

专利权人的权利 专利权人是指专利批准时被授予专利权的专利申请人。专利权人拥有转让其专利权、禁止或许可他人实施其专利的权利，及标记权、署名权、获得奖励与报酬的权利。

职务发明和非职务发明 职务发明是指执行本单位的任务、或利用本单位的物质技术条件所完成的发明创造，退休、退职或调动工作一年内作出在原单位承担工作相关的有关发明创造，职务发明的专利申请权、专利权均属于单位。除职务发明以外的情况都属于非职务发明，非职务创造的专利申请权、专利权人属于发明人或设计人。

二、专利申请

发明专利的申请流程为申请—受理或不受理—交纳费用—分类—初审（发明申请补正）—实质审查（外观、实用新型专利无此项）—补正并合格（不合格者驳回申请）—授予专利权—办理手续并交费—颁发证书。申请专利需按时缴纳各种费用，否则将视为放弃专利要求。

1. **专利申请及申请文件**

专利申请文件有严格的格式和严谨的文字要求，最关键的是写好说明书和权利要求书，但专利申请要求的文件因专利类型的不同而不同（表9-1）。专利申请提交后，实用新型和外观设计专利通过初步审查后即可授予专利权，发明专利通过初步审查后即先公开，通过实质审查后可授予专利权。但科学发现、智力活动的规则和方法、疾病的诊断和治疗方法、动物和植物品种（但育种方法和产品生产方法除外）、用原子核变换方法获得物质不能取得专利权。

发明在先原则 即以发明的先后（而非申请的先后）为标准而给予先发

明人专利。该原则可保证真正的发明人取得专利权,不怕他人抢先申请,但只有美国、加拿大、菲律宾等国家实行这一原则。

申请在先原则这是指两个或者两人以上的人先后申请同一发明创造,以不管发明次序的先后,谁先向专利局提出专利申请,谁就可以获得专利权的原则。从而保障一项发明只能申请和授予一项专利权。

表 9-1　专利申请要求的文件

专利类型	发明、实用新型	外观设计	附注
请求书	一式两份	一式两份	
说明书	一式两份	/	
说明书摘要	一式两份	/	
权利要求书	一式两份	/	
说明书附图	一式两份	/	根据需要
摘要附图	一式两份	/	与说明书附图同时存在
简要说明	/	一式两份	
图片或照片	/	一式两份	涉及色彩应彩色、黑白各一
保藏证明	一份	/	涉及微生物时
非职务发明创造证明	一份	一份	个人专利与工作相关时
减缓费用请求书	一份	一份	根据需要
减缓费用依据证明	一份	一份	与减缓费用请求书同时存在

2. 生物材料保藏手续

当申请专利涉及新生物材料,而该生物材料又不能无偿流失,使用者难以按照申请说明使其重现。因而申请人除提交和办理其他文件外,还应当按照下述程序办理生物材料保藏手续。①在申请日前或在申请日(有优先权的,指优先权日),将该生物材料的样品提交国务院专利行政部门认可的保藏单位保藏,并在申请时或自申请日起 4 个月内向专利受理单位提交保藏单位出具的保藏证明和存活证明,否则将视为未提交保藏。②在申请文件中,提供有关该生物材料特征的资料。③涉及生物材料样品保藏的专利申请,必须在请求书和说明书中写明该生物材料的分类命名(注明拉丁文名称)、保藏该生物材料样品的单位名称、地址、保藏日期和保藏编号。④申请人在发明专利申请公布后,任何单位或者个人作为实验目的需要使用该生物材料时,可向国务院专利行政部门提出请求,并按规定使用。

3. 优先权手续

申请人办理优先权手续时,应当在书面声明中写明第一次提出专利申请

（以下称在先申请）的申请日、申请号和受理该申请的国家，否则将视为未要求优先权。要求外国优先权时，申请人提交的在先申请文件副本应当经过原受理机关进行证明；提交的证明材料中，在先申请人的姓名或者名称与在后申请的申请人姓名或者名称不一致时，应当提交优先权转让证明材料；要求本国优先权时，申请人提交的在先申请文件副本应当由国务院专利行政部门制作。

申请人在一件专利申请中，可要求一项或多项优先权，优先权期限从最早的优先权日起计算。申请人已要求本国优先权，若在先申请为发明申请，还可就相同主题提出发明或实用新型专利申请；若在先申请为实用新型专利申请，还可就相同主题提出实用新型或者发明专利申请；申请人要求本国优先权后，其在先申请自后一申请提出之日起即视为撤回；但在提出后一申请时，若其已要求了外国优先权或本国优先权、或已被授予专利权，则不得重复要求本国优先权，应属于提出的分案申请。外国人在中国申请专利并要求优先权时，应按照有关规定办理相关手续、提交相关证明。

4. 专利权

专利权的保护范围 发明或实用新型专利权的保护范围，以其权利要求内容为准，说明书及其附图可用于解释权利要求；外观设计专利权的保护范围，以其图片或照片中的该外观设计专利产品为准。

专利权的转让 通过买卖合同进行转让，即一方将专利权转移给他方所有，他方接受该项专利权并支付约定价金。通过许可合同进行转让，就是专利权人和被许可人以商定的形式签订合同，规定双方的权利与义务，包括条件和范围以及使用费的支付等，允许被许可人利用该专利发明创造。

专利权的终止 我国发明专利权的期限为20年，实用新型和外观设计专利权的期限为10年，均自申请日起计算；终止形式为专利权有效期届满、专利权人不按期缴纳专利年费、专利权人放弃其专利权、无继承人而终止。对未经专利权人许可的侵权行为，专利权人或利害关系人可请求专利管理机关进行处理，也可直接向人民法院起诉。侵犯专利权的诉讼时效为2年，自专利权人或利害关系人得知或应当得知侵权行为之日起计算。

专利权的无效 宣告专利权无效的范围包括：已获专利权的发明创造不符合法律规定的专利条件，无权取得专利权的人取得了专利权，发明说明书填写不清楚，专利权的权利要求内容在申请时未有的主题、或扩大了原说明书请求保护的范围，不应授予专利权而授予了专利权。

5. 专利代理制度

代理就是代理人以被代理人的名义，在被代理人授权的范围内向第三人表示或受意的一种法律行为,其权利和义务的后果属于被代理人。专利代理,可为专利申请人申请、取得和维护专利权的各种法定手续提供便利,可以保证申请和取得专利权的人的正当权益,有利于提高主管机关的工作效率。我国专利代理机构包括国防专利代理机构、普通专利代理机构、涉外专利代理机构。

专利代理权的取得和终止 专利代理权可以通过委托代理、法定代理、制定代理的途径取得,也可能因当事人一方死亡或者丧失行为能力、委托关系的解除而终止、专利代理有效期届满或者完成了专利代理任务等而终止。

专利代理人的任务 为委托人提供发明创造是否申请专利的咨询,包括估计发明创造的技术价值,估量发明创造的经济利益;办理专利申请的有关事务;为委托人取得专利权服务;充当委托人和专利主管机关之间的联络人;维护专利权的有效性;协助订立许可合同;充当强制许可的代表人;为委托人代理专利诉讼。

第五节 科技成果奖励申报

我国设有国家级奖励和省部市级奖励。国家级有最高科学技术奖、技术发明奖、自然科学奖、科学技术进步奖和国际科技合作奖 5 大奖励,省部市级一般设立 1 种科学技术奖励。科技奖励申报应遵循登记在先、联合申报、不重复申报、争议处理等原则。不同科技奖励申报有不同的条件,评审的侧重点也不同,但申报和评审程序基本相同。

一、中国的科技奖励制度

科技奖励制度是中国科技政策的重要组成部分,是尊重知识、尊重人才、鼓励自主创新、促进科学研究与技术开发和经济发展的体现。1955 年国务院发布《中国科学院科学奖金的暂行条例》,1963 年 11 月国务院发布了《发明奖励条例》和《技术改进条例》,经过一段时间的终止后于 1978 年我国恢复了科技奖励制度。1985 年国务院批准成立了国家科学技术奖励工作办公室,我国科技奖励体系基本完成。1994 年又设立了中华人民共和国国际科学技术合作奖。但在我国的科技奖励制度中,存在奖励项目过多、难以保障获奖项目质量、缺少具有权威的最高奖项,奖励项目与经济、社会发展脱节,部门、地方和境内外社会力量重复设奖等问题。如 1979 年至 1999 年国家奖励科技成果达 12 582 项，其中自然科学奖 632 项、技术发明奖 2 973 项、国家科技进步奖 8 977 项。为此，1999 年国家对科技奖励制度实行了改革，国务院发布实施了《国家科学技术奖励条例》，形成了最高科学技术奖、自然科学奖、技术发明奖、科学技术进步奖和国际科学技术合作奖五大奖项。

二、科技成果奖励的种类与条件

我国的科学技术奖励分为国家级奖励和省部级奖励 2 大类。国家级奖励由国务院代表国家授予，设立 5 大奖项。省部级科学技术奖励按照《国家科学技术奖励条例》规定，一般设立一种科学技术奖励，由地方人民政府或国家部委授予。

1. 科技成果奖励的种类与申报条件

国家最高科学技术奖 国家最高科学技术奖授予在当代科学技术前沿取得重大突破、在科学技术发展中有卓越建树、在科学技术成果转化和高技术产业化中创造巨大经济效益或者社会效益者（或组织），国家科学技术奖的推荐、评审和授奖实行公开、公平、公正原则，不分等级，每年授予人数不超过 2 名，由国务院报请国家主席签署并颁发证书和 500 万元奖金。国家最高科学技术奖申报条件如下：第一，候选人在基础和应用基础研究方面取得系列或特别重大发现、突破性发展，丰富和拓展了学科的理论。第二，候选人取得系列或者特别重大技术发明，并在科技成果转化、实现产业化方面创造了巨大的经济或社会效益。第三，候选人热爱祖国，具有良好的科学道德，仍从事科学研究或者技术开发工作。

三大奖 即国家自然科学奖、国家技术发明奖、科学技术进步奖，该三大奖均每年评审一次、总数不超过 400 项，分为一等奖和二等奖 2 个等级，由国务院颁发证书。①申报国家自然科学奖的条件是：该项自然科学前人尚未发现或者尚未阐明，且主要论著为国内外首次发表；其发现在科学理论、学说上有创见，或在研究方法、手段上有创新，在学术上处于国际领先或者先进水平，对于推动学科发展或对于经济和社会发展具有重要影响；该项自然科学发现得到国内外自然科学界公认，其重要科学结论已为国内外同行所引用或者应用；国家自然科学奖的候选人应当是相关科学技术论著的主要作者或实际研究者。②申报国家技术发明奖的条件是，发明奖属前人尚未发明或者尚未公开，具有先进性和创造性、科学技术的综合水平优于国内外已有的同类技术，能创造显著经济效益或者社会效益的科学技术新成就。③申报国家科学技术进步奖的条件是，在实施技术开发项目中完成重大科学技术创新、科学技术成果转化，创造显著经济效益的；在实施社会公益项目中，长期从事科学技术基础性工作和社会公益性科学技术事业，创造了显著的社会效益；在实施国家安全项目中，为推进国防现代化建设、保障国家安全做出重大科学技术贡献；在实施重大工程项目中，保障工程达到国际先进水平，但重大工程类项目的国家科学技术进步奖仅授予组织。

国际科学技术合作奖　　授予对中国科学技术事业做出重要贡献的外国人或者外国组织，不分等级，每年授奖人数不超过 10 人。由国务院颁发证书。申报者应具备的条件是，同中国的公民或者组织合作研究、开发而取得了重大科学技术成果，向中国的公民或者组织传授先进科学技术、培养人才成效特别显著，为促进中国与外国的国际科学技术交流与合作，做出了重要贡献。

省部级科学技术奖　　可分类奖励在科学研究、技术创新与开发、推广应用先进科学技术成果以及实现高新技术产业化等方面，取得重大科学技术成果或者做出突出贡献的个人和组织。省级科学技术奖根据本地区实际情况自行设立奖励等级和树木，由省级人民政府颁发证书和奖金。国防科学技术工业委员会、公安部、国家安全部，可根据国防、国家安全与保密而不能公开的特殊情况设立部级科学技术奖。

2. 科技成果申报奖励应遵循的原则

登记在先的原则　　申报科学技术奖励的项目，必须通过鉴定或审定或验收，并且在科技成果管理部门完成成果登记。

联合申报的原则　　由多个单位联合完成的项目，由第一完成单位组织申报。但国家科学技术进步一奖单项授奖人数不超过 15 人、单位不超过 10 个，二等奖人数不超过 10 人、单位不超过 7 个；国家自然科学奖授奖人数一般不超过 5 人。

一步到位和逐级申报的原则　　我国的自然科学奖和技术发明奖只有国家级奖，申报时只能直接申报国家级奖；在省部级科学技术奖的基础上申报时，必须由省级科技管理部门推荐或评审。

不重复申报原则　　同一项目的技术内容不得在同一年度或不同年度重复参加国家自然科学奖、国家技术发明奖和国家科学技术进步奖的评审，同一项科研成果也不得由不同的完成人分别报奖。

争议处理原则　　国家科学技术奖励接受社会的监督，奖励评审工作实行异议制度。任何单位或者个人对科学技术奖候选人、候选单位及其项目持有异议时，应当在科学技术奖初评结果公布之日起 30 日内向奖励办公室提供书面异议材料、必要的证明文件、单位及个人证明；逾期且无正当理由的异议，不予受理。奖励办公室在接到异议材料后，应当对异议内容进行审查，如果异议内容符合要求，并能提供充分证据、应予受理，异议的处理必须按照有关规定在一定的期限内提出处理意见。凡对涉及候选人、候选单位所完成项目的创新性、先进性、实用性等，以及推荐书填写不实所提的异议为实质性异议；对候选人、候选单位及其排序的异议为非实质性异议。

3. **科技成果奖励申报的程序**

申报自然科学奖和发明奖时，发明者可经基层单位和所属省级科委推荐、专家推荐后向国务院各有关主管部门申报。国家级和省（部）级科技进步奖应按任务来源的隶属关系逐级上报，省级科技进步奖的推荐部门为省（自治区）教委、农业厅、水利厅、地市科委等，国家级科技进步奖的归口推荐部门为省、自治区科委、国务院有关部委。

成果完成人准备申报材料　一般都需在网上下载申报系统，按照申报系统的说明填报。

基层单位推荐　经完成单位审查后，按行政隶属关系向地、市、厅局级申报或向项目下达部门申报。申报科技成果奖时由授奖机构下一级的科研管理部门审查、填写意见并推荐，申报国家级奖时由省级科技厅或国家部委逐级审查、推荐，并填写《国家科技奖励推荐书》。

主管部门受理　有关部门接受申报材料后，经过仔细审核即进入评审程序。

三、科技成果奖励的申报材料

申报科技成果奖材料一般包括《国家科学技术奖励推荐书》和附件两部分。由于奖种的不同，申报材料的侧重点不同。

1. **申报科技成果奖励应准备的材料**

自然科学奖　因国家自然科学奖奖励的对象是基础理论研究成果。第一，推荐书中涉及经济效益的一栏可以不填。第二，推荐书附件部分可以不备齐，而推荐书的"项目内容简介"，特别是其中的《详细记述内容》一栏非常重要。附件中应包括与该成果相关的能反映成果水平的材料，如鉴定证书、工作报告、技术报告，查新报告、论文或著作的复印件、成果被引用情况的复印件（表明被引用的章、句）。

技术发明奖和科技进步奖　有关成果的全套技术资料诸如工作报告、技术文件、论文、鉴定证书、应用证明、国内外专利与非专利文献查新，技术检测证明及有关技术资料的复印件，及其他证明。

撰写申报材料的原则　严肃、认真、实事求是，言简意赅、突出重点、语言规范、通俗易懂，按规定格式填写、整理装订。

2. 科技成果奖励推荐书的填写要点

项目基本情况 包括"奖种、序号、编号、项目中英文名称、主要完成人、主要完成单位、推荐部门"等多项基本内容。

项目内容简介 将全面介绍本项目特色的资料凝练于500个汉字以内，应简要说明项目名称、基本内容与突出特点、所属技术领域，以及应用推广等情况。

项目详细内容 本栏是审查、评审项目是否符合授奖条件的基本依据，应按照奖励推荐书所规定的各个小标题翔实、准确、全面地填写，必要的图表就近插入相应的正文中；若纸面不够，可按实际需要另行增加附页。填写的内容包括立项的背景、详细技术内容、该项目与国内外同类研究与技术的综合比较、创新点、应用和推广情况、经济和社会效益情况表。

本项目曾获科技奖励情况 用于检查项目是否重复报奖、是否能推荐高一级科技奖励的条件。

申报、获得专利情况表 这个表包括推荐中所含的全部专利情况及已获得的国内外专利。

完成人情况表 此栏由推荐单位按表格要求认真填写，是核实完成人是否具备获奖条件的依据。

主要完成单位情况表 应在单位名称栏加盖各单位公章。

推荐、审核评审意见 一般应由具有法人资格的第一主要完成单位及其他合作单位协商填写，由专家直接推荐的不填写此栏。

附件 是推荐项目的证明文件或辅助补充材料，推荐不同的奖种应附报相应的附件材料，及其所要求的材料或录像资料。

四、科技成果奖励的评审

不同的奖项其评审机构和方式稍有区别，但均按学科设立评审会委员、学科评审分会或组。不同级别的奖项等级也不同，国家自然科学奖、国家技术发明奖、国家科学技术进步奖各设一、二等奖，国家科学技术进步奖还区分为技术开发项目类、社会公益项目类、国家安全项目类、重大工程项目类。省部级科学技术进步奖则设立一、二、三等奖。

1. 科技成果奖评审的内容和指标

技术或学术难度 分为难度很大（国内外尚未解决）、难度大（国外解决，但仍处于保密阶段，国内尚未解决）、难度较大（国内尚未彻底解决）、难度一般（国内虽已解决，但不完善）4个级别。

技术水平　一般通过国内外同类研究现状的检索查新结果来确定。区分为国际领先、国际先进、国际水平、国内领先、国内先进4个级别。

经济效益或社会效益　这是反映科技成果使用价值或学术价值高低的主要考察指标。可定性描述为很大、大、较大和一般4个级别。

推动科技进步的作用　这是对科技成果职能作用更深层次的分析评价。可定性描述为很大、大、较大和一般4个级别。

2. 科技成果评奖的程序和方法

我国现行的科技奖励主要是国家级奖励和省级奖励，其管理模式和运行方式基本相同，即采取回避和保密评审的方式进行评奖。

形式审查　推荐单位和推荐人应当在规定的时间内向奖励办公室提交推荐书及相关材料。奖励办公室对推荐材料进行形式审查，不符合规定的推荐材料，可要求推荐单位和推荐人在规定的时间内补正，逾期不补正或者经补正仍不符合要求时一般不提交评审、并退回推荐材料。

学科（专业）评审组初评　对形式审查合格的推荐材料，由奖励办公室提交相应的科学技术奖评审委员会、学科评审组的同行专家进行初评。初评由学科评审组以会议方式进行，并以无记名投票表决产生初评结果；或由奖励办公室组织具有评审资格的同行专家以书面评审方式进行，并以定性定量相结合的综合评价方法产生初评结果。但国际科技合作奖的初评结果应当征询我国有关驻外使馆、领馆或者派出机构的意见。

公布初评结果　初评后的结果由奖励办公室向社会公布。但涉及国防、国家安全的项目，只能在适当范围内公布。

评审委员会评审　对公布后无异议、或虽有异议但已在规定时间内处理的项目，由各学科评审组提交评审委员会评审。各评审委员会以会议方式、记名投票表决产生评审结果。

授奖　科学技术部对国家科学技术奖励委员会作出的获奖人选、项目及等级的决议进行审核，并报国务院批准。批准后即可授奖。

复习思考题

1. 试分析说明科研项目的结题、验收与鉴定有何联系和不同。
2. 专利指什么？有何特点？有哪几类？
3. 我国的科技成果奖励有哪几种？
4. 科技成果申报应遵循哪些原则？

主要参考文献

1. 中华人民共和国科学技术部. 国家科技计划管理暂行规定. 2001—01—20
2. 中华人民共和国科学技术部. 科研条件工作任务项目验收办法（试行）. 2003—11—28
3. 中华人民共和国科学技术部. 科学技术评价办法. 2003—09—20
4. 国家科学技术委员会. 科学技术成果鉴定办法. 1987—10—26
5. 中华人民共和国科学技术部. 国家科技成果登记办法. 2000—12—07
6. 中华人民共和国国务院. 国家科学技术奖励条例. 2003—12—20
7. 中华人民共和国科学技术部. 省部级科学技术奖励管理办法. 1999—12—26
8. 全国人民代表大会常务委员会. 专利法. 2008—12—27

术 语 索 引

一至四画

3S 技术　61
PDCA 循环　29
人文科学　64
大孔树脂吸附法　50
专利　184
专利申请　187
专利权　189
专利制度　185，186
中子活化分析　53
内容分析法　114
分子印迹分离技术　51
分子蒸馏法　51
分子精馏　52
分析方法　76
历史方法　76
历史对照　134
历史学　74
双水相萃取技术　51
天文观测技术　46
开发研究　101
开放探索实验　129
引导探索实验　128
引言　160
心理学　71
文化功能　68
文化学　72
文学　73
文献学　74

文献法　130
文献标识码　166
文献研究法　19，113
方差分析与试验设计　135

五画

比较分析法　77，103
毛细管电泳　52
气相色谱　56
艺术学　73
风险管理　124
主体形式的选题　92
主题分类法　83
功能分析法　131
加速溶剂萃取　50
发明人　187
发明在先原则　187
可行性　39
可行性分析　106
可行性原则　91
可转移性　39
对照比较实验　35
对照原则　133
归纳方法　75
正交实验设计　136
正常结题　175
生物传感器　59
生物芯片　60
申请在先原则　188
申请验收　118，178

电子探针测试分析　54
电压钳技术　60
电泳技术　52
立论依据　105
亚临界水萃取　50
光声成像技术　57
光度分析法　54

六画

全面总结　117, 174
全球定位系统　61
全景成像技术　58
共振瑞利散射　53
关键词　159
军事学　72
决策功能　70
创造性原则　90
创新功能　70
创新性　155
创新管理　123
同位素示踪技术　55
回流法　48
地理学　74
异常结题　175
成果鉴定　118, 179
成像分析技术　57
次级分析法　114
红外热像技术　58
自身对照　134
观察法　130
设计性实验　129
问题式选题　93
阶段性总结　117, 174

七画

体育学　73

免疫分析技术　55
判决性实验　35
均衡原则　134
完善式选题　93
应用研究　101
技术创新管理　125
技术路线　106
材料和方法　161
社会学　71
社会科学　64
社会调查法　19, 114
系统论　22
纵式结构　85
纸色谱法　56
进度管理　124
远距离测量技术　46
参考文献　165
固相萃取法　50
固相微萃取法　49
学术性　155

八画

宗教学　71
定性实验　34
定量实验　35
实用性原则　92
实地观察法　19
实验（研究）方法　20, 34, 75
实验方案　106, 137
实验对象　132
实验对照　133
实验因素　132
实验设计　35
实验科学　6
实验效应　133

实验解析 102
抽象解析 102
析因实验 36
法学 72
物质提取技术 48
直观-演绎法 2
知识管理 124
空白对照 133
空白点选题 93
空间技术 61
经济学 72
经验方法 18
经验假设 25
规范性 156
质谱分析法 54
非逻辑方法 21

九画

亲和层析 51
亲和超滤 52
信息论 23
信息推理法 113
叙述研究法 131
复合式结构 86
政治功能 69
政治学 71
标准对照 134
测量技术 45
浏览捕捉法 95
相互对照 134
相对比较实验 35
研究计划 116
研究试验仪器 41
研究思路 101
科学 1

科学方法 2
科学方法论 18
科学学 72
科学性 155
科学性原则 90
科学假设 25
结论 164
结构及成分分析实验 35
结构测试分析 53
结果和分析 162
结题报告 117
统计分析法 130
美学 71
背景材料 82
荧光成像技术 59
语言学 73
追溯验证法 95
选题 80，89
重复原则 134
项目分类法 84

十至十一画

准备阶段 109
原子吸收光谱测定法 54
哲学 71
哲学方法 75
核磁共振波谱分析技术 53
浸渍法 48
调查法 130
配对对照 134
验证性实验 34，128
高速逆流色谱技术 50
高速离心分离技术 50
基质固相分散萃取 50
基础研究 101

密尔求因果五法 2
情境探讨法 131
探索性实验 34，128
控制论 23
教育功能 68
教育学 73
液相色谱 56
渐进性 39
渗漉法 48
理论方法 20
理论推断假设 25
综合方法 76
逻辑方法 20，76
逻辑性 156
逻辑思维三段论 2
逻辑结构 85
随机原则 133

十二画以上

强健性 39
智能 27
期刊论文 152
温度测量技术 46
超声波提取技术 49
超临界流体色谱 56
超临界流体萃取技术 49
逼真性 39
集成化 42
微波辅助提取技术 49
微距测量技术 47
数学方法 20，78
数学模型方法 37
新颖性原则 92
煎煮法 48
摘要 158
模型分析方法 103
演绎方法 75
稳健性实验设计 136
管理功能 69
管理学 74
膜分离技术 51
膜片钳技术 60
酶提取法 49
需要性原则 91
横式结构 86
薄层色谱法 56
磷光分析法 54

主要参考书目

[1] 丁士峰. 科学研究方法论. 北京：中国人民解放军国防大学出版社，2005

[2] 丁长青主编. 科学技术学. 南京：江苏科学技术出版社，2003

[3] 马云鹏. 教育科学研究方法导论. 长春：东北师范大学出版社，2002

[4] 水延凯. 社会调查教程. 北京：中国人民大学出版社，2003

[5] 王力，朱光潜. 怎样写学术论文. 北京：北京大学出版社，1981

[6] 王晖. 科学研究方法论. 上海：上海财经大学出版社，2004

[7] 王士舫，董自励. 科学技术发展简史. 北京：北京大学出版社，2005

[8] 王鸿声. 世界科学技术史. 北京：中国人民大学出版社，1996

[9] 邓延倬，何金兰. 高效毛细管电泳. 北京：科学出版社，1996

[10] 风笑天. 社会学研究方法. 北京：中国人民大学出版社，2001

[11] 卢晓江. 中药提取工艺与设备. 北京：化学工业出版社，2004

[12] 刘莹，邵天敏. 机械基础实验技术. 北京：清华大学出版社. 2006

[13] 孙小礼主编. 科学方法中的十大关系. 上海：学林出版社，2004

[14] 孙乐民，张海新. 科技论文写作与投稿. 北京：国防科技大学出版社，2002

[15] 邢贲思，孙尚清，江平等. 影响世界的著名文献（自然科学卷）. 北京：新华出版社，1997

[16] 吴元樑. 科学方法论基础. 北京：中国社会科学出版社，1991

[17] 张培林，丁新瑞，高金声. 科学研究的方法. 北京：科学出版社，2002

[18] 张密生. 科学技术史. 武汉：武汉大学出版社，2005

[19] 李孟楼. 科学研究方法. 北京：中国农业出版社，2009

[20] 李思孟，宋子良. 科学技术史. 武汉：华中科技大学出版社，2000

[21] 李春萍. 教育研究方法. 长春：东北师范大学出版社，2001

[22] 杨玉辉. 现代自然辩证法原理. 北京：人民出版社，2003

[23] 杨建军. 科学研究方法概论. 北京：国防工业出版社. 2006

[24] 邹海林，徐建培. 科学技术史概论. 北京：科学出版社，2004

[25] 陈魁. 试验设计与分析. 北京：清华大学出版社，2005

[26] 林聚任，刘玉安. 社会科学研究方法. 山东人民出版社，2004

[27] 林燕平. 法律文献检索（方法技巧和策略）. 上海：上海人民出版社，2004

[28] 欧阳康，张明仓. 社会科学研究方法. 北京：高等教育出版社，2001

[29] 武云化. 现代体育科学研究方法论. 北京：科学出版社，2004

[30] 罗立新. 细胞融合技术与应用. 北京：化学工业出版社，2003

[31] 郑秋鹏. 科研项目申请和总结报告写作技巧与方法. 哈尔滨：黑龙江省科技出

版社，2002.5
- [32] 金洪海. 高等教育科学研究方法论. 北京：北京广播学院出版社，2000
- [33] 姜启源，谢金星，叶俊. 数学模型. 北京：高等教育出版社. 2003
- [34] 赵秀珍，杨小玲. 科技论文写作教程. 北京：北京理工大学出版社，2005
- [35] 徐军玲，洪江龙. 科技文献检索（第二版）. 上海：复旦大学出版社，2006
- [36] 恩斯特. 卡西尔. 人文科学的逻辑. 北京：中国人民大学出版社，1991
- [37] 栾玉广. 自然科学技术研究方法. 合肥：中国科学技术大学出版社. 2003
- [38] 袁方. 社会研究方法教程. 北京：北京大学出版社，1997
- [39] 盛力强，李志强. 现代教学设计论. 杭州：浙江教育出版社，1998